普通高等院校电子商务"十二五"规划重点教材
总主编 杨坚争

数据挖掘原理与商务应用

朱小栋 徐 欣 编著

立信会计出版社
LIXIN ACCOUNTING PUBLISHING HOUSE

图书在版编目(CIP)数据

数据挖掘原理与商务应用 / 朱小栋,徐欣编著. ——
上海：立信会计出版社,2013.3
普通高等院校电子商务"十二五"规划重点教材
ISBN 978 - 7 - 5429 - 3816 - 9

Ⅰ. ①数… Ⅱ. ①朱… ②徐… Ⅲ. ①数据采集-高
等学校-教材 Ⅳ. ①TP274

中国版本图书馆 CIP 数据核字(2013)第 066703 号

策划编辑　窦瀚修
责任编辑　徐小霞
封面设计　周崇文

数据挖掘原理与商务应用

出版发行	立信会计出版社		
地　址	上海市中山西路 2230 号	邮政编码	200235
电　话	(021)64411389	传　真	(021)64411325
网　址	www.lixinaph.com	电子邮箱	lxaph@sh163.net
网上书店	www.shlx.net	电　话	(021)64411071
经　销	各地新华书店		
印　刷	常熟市梅李印刷有限公司		
开　本	787 毫米×960 毫米	1/16	
印　张	12	插　页	2
字　数	209 千字		
版　次	2013 年 3 月第 1 版		
印　次	2013 年 3 月第 1 次		
印　数	1—3 100		
书　号	ISBN 978 - 7 - 5429 - 3816 - 9/TP		
定　价	26.00 元		

编 委 会 名 单

总　序

　　电子商务作为 20 世纪末出现的新兴产业,经过 10 余年的发展,已经成为世界经济中增长最快的行业之一。截至 2011 年 3 月 31 日,全球互联网用户达到 20.95 亿人,已经占到世界人口的 30.2%[1]。截至 2011 年 6 月,全球网站总量已经达到 3.46 亿个,在经历了 2008 年的小幅挫折之后又有了大幅度的增长[2]。2009 年,全球电子商务交易额达到 16 万亿美元,同比增长 25%。我国 2008 年电子商务交易额达到 31 427 亿元,同比增长 44.8%;2009 年电子商务交易额达到 38 251 亿元,同比增长 21.7%[3];2010 年电子商务交易额已经突破 4 万亿元,达到 4.5 万亿元。

　　电子商务的高速发展引起国家最高领导层的高度重视。2011 年 3 月 5 日,在第十一届全国人民代表大会第四次会议上温家宝总理明确提出:"积极发展电子商务、网络购物、地理信息等新型服务业。"国家电子商务发展"十二五"规划,各省市电子商务发展"十二五"规划都在积极制定中。

　　电子商务作为一种新兴行业,有以下 4 个鲜明特点:

　　(1) 电子商务是以重大技术突破和重大发展需求为基础的新兴行业。互联网技术的开发是 20 世纪影响力最大的技术突破。但在其开发的前 30 年,一直被禁锢在军事和研究领域,没有在社会上得到很好的推广。20 世纪 90 年代,商业机构跻身于互联网世界,立即发现它的巨大潜力,并在短短的 20 年间形成了巨大的社会需求。电子商务正是以现代网络信息技术为基础而发展起来的一个新兴行业。

　　(2) 电子商务对经济社会全局和长远发展具有重大引领带动作用。实体市场与虚拟市场两者并行的局面造就了 21 世纪世界市场的新格局。电子商务是

---

　　[1]　Internetworldstats. Com. World Internet Users and Population Stats [EB/OL]. (2011 - 03 - 31)[2011 - 07 - 07]. Internet World Stats Website: http://www. internetworldstats. com/stats. html.

　　[2]　Netcraft. June 2011 Web Server Survey [EB/OL]. (2011 - 06 - 07)[2011 - 07 - 07]. Netcraft Website: http://news. netcraft. com/archives/2011/06/07/june - 2011-web-server-survey. html.

　　[3]　商务部. 中国电子商务报告[M]. 北京:清华大学出版社,2010.

以电子商务为代表,包括即时通讯、搜索引擎、网络游戏、网络广告等多种形式的互联网经济模式。电子商务正在对经济社会的全局和长远发展产生巨大的推动作用。2010 年平息的腾讯和 360 公司的争端竟然波及 10 多亿网络用户,不仅影响到虚拟经济,甚至影响到整个社会的稳定①,其影响力甚至超过其他新技术。

(3) 电子商务是知识技术密集、物质资源消耗少的产业。商业活动最显著的特点就是追求高效率和低成本。20 年的实践证明,最先进的信息网络技术都是首先在电子商务领域找到最好的用武之地。电子商务已经成为先进技术的聚集地和协同枢纽。特别是在交易安全领域,电子商务对技术的要求是最高的。正是因为先进技术的广泛应用,使得电子商务的交易成本远远低于传统的实体市场交易成本,从而将贝塔斯曼从中国"挤"了出去②,将最后一家传统书店从十里南京路"挤"了出去③。可以预见,未来还有更多的传统产业将步传统书店的后尘。

(4) 电子商务是成长潜力大、综合效益好的产业。相对于其他产业,电子商务的发展速度令人吃惊。淘宝网、京东商城、1 号店、快钱等电子商务网站的成长历程清楚地说明了这一点。电子商务发展的同时也带来了良好的社会效益。2009 年,中国邮政 1/3 的包裹量来自电子商务;2010 年 11 月,淘宝网创造了167 万个直接且充分就业机会,而每一人在淘宝网开店实现就业,就将带动 2.85个相关产业的就业机会④。

当我们做出了上述分析之后,我们完全有理由将电子商务列为战略性新兴产业并按照战略性新兴产业的思路发展电子商务。本套教材正是从这一战略高度出发,结合电子商务发展的最新模式,为广大电子商务专业学生和电子商务从业者展现了电子商务领域的最新研究成果。

本套教材包括《电子商务原理》、《网络营销教程》、《网络信息检索与利用》、《网络营销调研技术》、《信息系统工程项目管理》、《电子商务安全与支付》、《金融电子商务》、《电子商务物流》、《移动电子商务》、《电子商务安全管理与支付》、《电子商务网站技术基础》、《电子金融学》、《电子商务统计理论与实务》、《数据挖掘

---

① 百度名片.腾讯 360 之争[EB/OL].(2011 - 06 - 18)[2011 - 07 - 07].百科百度:http://baike.baidu.com/view/4633773.html.

② 陈熙涵.贝塔斯曼将关闭在华 36 家门店[N].文汇报,2008 - 06 - 17(9).

③ 许明,房浩.南京路最后一家新华书店停业[N].新民晚报,2010 - 11 - 04.

④ 淘宝网数据.淘宝网:2010 年 11 月,淘宝网创造了 167 万个直接且充分就业机会.[EB/OL].(2010 - 12 - 02)[2011 - 07 - 07].阿里巴巴研究中心:http://www.aliresearch.com/data/alibabag/12024/.

原理与商务应用》、《信息系统与电子商务》、《电子商务创业》等 10 多本，涵盖了电子商务学科的主要领域。

本套教材的特色主要表现在以下 4 个方面：

（1）强调教材的先进性。针对国内外电子商务发展的最新动态，调整教材内容，使整套教材能够充分反映电子商务发展中出现的新思维、新技术和新模式；同时，揭示电子商务发展中出现的新情况和新问题，拓展读者的视野，使读者能够站在世界电子商务发展的最前沿进行电子商务发展的战略思考。

（2）强调教材的科学性。电子商务涉及多学科知识领域的交叉，本套教材注意处理好科学性与系统性、系统性与交叉性之间的关系。结合电子商务应用性和创新性强的特点，设计科学的教学内容和实践体系，突出学生创新能力的培养。

（3）强调理论与实践的结合。电子商务是一门实践性很强的学科，因此，在本套教材编写过程中，吸收了高校教师、理论工作者、电子商务企业家的参与。理论工作者与实际工作者思想火花的碰撞，使得理论知识与实践应用紧密结合，从而为学以致用、用以促学奠定了良好基础。

（4）强调实践教学。在本套教材的编写过程中，笔者逐渐完善了"中国电子商务示范平台"。该平台为电子商务专业的学生提供了在线实践的机会，也为本套教材配套了多个内容密切联系的教学实验，注重形象思维和引导性操作，使学生能够在全面了解电子商务的最新发展、理解电子商务基本理论的基础上，具有电子商务应用的实际操作技能。

在组织编写本套教材的过程中，我们参考了国内外大量有关电子商务的专业文献，并得到立信会计出版社的大力支持和帮助，在此表示衷心的感谢。由于电子商务的发展迅速，本套教材从立题、撰写提纲到实际成书，虽经几番修改，仍感到许多地方还需斟酌，错误和不当之处，切望专家和读者批评指正。

杨坚争

2011 年 8 月

前　言

从 20 世纪 90 年代初数据挖掘术语的出现到今天近 20 年的时间里,数据挖掘受到了学术界和产业界的广泛重视,得到了重要的发展。伴随着云时代的到来,海量的数据与强烈的知识需求矛盾更加凸显,数据挖掘还将得到更多的关注。数据挖掘在客户关系管理、电子商务、信息安全、生物科技、医疗、金融、政务、教育等许多领域有着广泛的应用。

目前,有许多数据挖掘相关的书籍陆续出版,但大多数学术性较强,且缺乏习题及实践环节,较适宜于作为研究生阶段的数据挖掘课程参考用书。本书不仅通过丰富的示例讲解数据挖掘的算法理论,而且详细地讲解企业的商务智能解决方案中如何应用数据挖掘产品。本书能培养学生运用数据挖掘技术,以及将已有专业知识综合运用的能力。本书的前导课程包括数据库原理、系统开发与设计、数据结构、软件工程等。

结合本书,有关人员已开始筹建数据挖掘的校级课程网站,将相关电子教案和课件上网,并将进一步建设校级和市级精品课程网站。相关课程的教学方法包括用多媒体教室教学和使用机房进行实验教学。作者从事数据挖掘的相关研究多年,已将数据挖掘最新的发展和一些先进的研究成果纳入本书中。

本书的主要特色:

(1) 注重内容的实践性。本书的内容涵盖如何利用相关软件产品实现数据挖掘的经典算法和技术,还涵盖数据挖掘技术在商务领域中的应用。

(2) 注重本书的应用范围。本书既适合计算机应用技术专业,也适合经管类信息管理与电子商务专业的学生学习。书中既注重从计算机应用角度来讲解数据挖掘,又注重数据挖掘与商务智能、管理科学、决策支持系统的结合。

本书实践篇中的相关实践内容与理论篇是相对应的,这样便于理论联系实际地进行教学。本书的教学组织方式如下:

方式 1:48 课时,按照每周 3 课时×16 周完成,其中包括实践课 16 课时。

方式 2:32 课时,按照每周 2 课时×16 周完成,其中包括实践课 10 课时。

本书的教学设计思想:根据学生的知识背景安排教学内容。可以在期中之前讲解教材的理论篇部分(数据仓库、关联分析、分类分析和聚类分析),在期中之后讲解教材的实践篇部分。在教学中,也可以实践和设计同步进行,如在理论课中讲解理论篇,在实践课中安排对应的实验。

　　本书由朱小栋和徐欣共同编著,朱小栋负责第1、第2、第3、第4、第5、第6、第7、第8、第11章的撰写,徐欣负责第8、第9、第10章的撰写。全书分为理论篇和实践篇两大模块,第1模块从理论的角度阐述数据挖掘的基本原理,第2模块从实践的角度阐述数据挖掘的商务应用。本书获得了IBM教育合作项目、上海市教委科研创新基金项目(12YZ103)、教育部人文社会科学青年基金项目(12YJC870037)和教育部高等学校博士学科点基金项目(20123120120004)的资助。本书参考引用了国内外数据挖掘研究领域的专家学者的文献资料,在此对他们的工作表示衷心的感谢。

　　本书可以作为全日制高等学校本专科高年级专业课教材,也可以作为研究生和有关研究人员的参考资料。由于作者水平有限,书中疏漏和错误之处在所难免,敬请广大读者批评指正。

作　者

2013 年 2 月

目　　录

第1篇　理　论　篇

第1篇　理论篇

第 1 章

绪　　论

1.1　数据挖掘的基础概念

人类历史上每一次工业革命都带来令人震撼的生产力发展,推动人类文明一次新的跨越。如果说 1946 年电子计算机的诞生是第三次工业革命的一次冲击波,那么可以说计算机网络的出现和发展是这个冲击波的又一次里程碑。仍然可以说,在过去 100 年的时间中,人类社会所创造的生产力比过去一切时代创造的全部生产力还要多。

21 世纪的第一个 10 年,互联网技术已趋于成熟,基于互联网的新兴产业,如无线通信、电子商务、数字电视以及物联网等得到前所未有的飞速发展。人类已迈入信息时代,第三产业占据社会产业的大部分比重,这一比重还将进一步增加。人们不仅从传统的报纸、广播电视,而且从更先进的媒介,如互联网、手机和微博等获取丰富的信息,这种信息量仍将与日俱增。例如,当前《人民日报》周一至周五版面达到 24 版,其他众多报纸的信息量也是相当丰富。从信息经济学的角度看,知道如何获取那些更有价值的信息,将获得市场先机。从数据挖掘的角度看,则要加工处理纷繁复杂并且参差不齐的信息,从中发现有价值的规律和知识,并将它们提炼出来。

数据挖掘是从大量的数据中发现隐含模式和知识,并应用这些模式和知识来进行预测以指导决策的过程。自 20 世纪 70 年代关系数据库理论推出以来,数据挖掘受到了学术界和工业界的广泛关注。20 世纪 80 年代以来,为解决"数据丰富,知识贫乏"的困境,数据库中的知识发现 KDD(Knowledge Discovery in Database)和数据挖掘技术作为数据库与统计学、人工智能、机器学习等技术的交叉学科和技术,获得了巨大成功和持续发展。

1.1.1　数据

数据或称资料,它涉及事物的存在形式。它是关于事件的一组离散、客观的事实描述,是构成信息和知识的原始材料,是载荷或记录信息的按一定规则排列组合的物理符号。数据的表现形式有图形、图像、视频、声音、文字、数字、字符和符号等。

在计算机科学领域中，数据是指所有能输入计算机并被计算机程序处理的符号的介质的总称，是用于输入电子计算机进行处理，具有一定意义的数字、字母、符号和模拟量等的通称，是信息系统加工的原料。

国际商业机器公司 IBM 是目前数据库 DB2 系列软件和服务生产商，在其看来，数据被称为简单的事实(simple facts)，可以通过数据库的方式来存放。

表 1-1 是收集某证券交易所 2004 年 12 月份的股市大盘指数数据。该数据集的第一行是数据属性，分别是日期、开盘指数、最高指数、最低指数、收盘指数、成交量、走势指数。

表 1-1

股市大盘数据

日期	开盘指数	最高指数	最低指数	收盘指数	成交量	走势指数
31-Dec-2004	2 179.0	2 185.56	2 174.63	2 175.44	13664600	2 175.44
30-Dec-2004	2 177.5	2 182.37	2 176.40	2 178.34	14031400	2 178.34
29-Dec-2004	2 171.0	2 182.33	2 170.99	2 177.00	15038800	2 177.00
28-Dec-2004	2 156.8	2 177.19	2 156.53	2 177.19	15875500	2 177.19
27-Dec-2004	2 168.8	2 171.94	2 147.59	2 154.22	14787000	2 154.22
24-Dec-2004	2 162.2	2 172.74	2 161.15	2 167.72	19685300	2 167.72
23-Dec-2004	2 153.3	2 168.78	2 153.31	2 160.62	14307700	2 160.62
22-Dec-2004	2 146.0	2 163.48	2 145.18	2 157.03	18027600	2 157.03
21-Dec-2004	2 134.8	2 151.71	2 133.34	2 150.91	19728600	2 150.91
20-Dec-2004	2 142.2	2 154.48	2 124.22	2 127.85	19914600	2 127.85
17-Dec-2004	2 142.7	2 150.85	2 135.05	2 135.20	24230800	2 135.20
16-Dec-2004	2 160.0	2 164.80	2 138.81	2 146.15	23962200	2 146.15
15-Dec-2004	2 159.7	2 171.27	2 151.31	2 162.55	23375900	2 162.55
14-Dec-2004	2 145.1	2 163.50	2 145.05	2 159.84	22286700	2 159.84
13-Dec-2004	2 141.2	2 148.50	2 132.19	2 148.50	20709800	2 148.50
10-Dec-2004	2 121.2	2 134.60	2 120.33	2 128.07	17948400	2 128.07
09-Dec-2004	2 109.6	2 134.23	2 097.86	2 129.01	22841500	2 129.01
08-Dec-2004	2 118.1	2 130.76	2 110.57	2 126.11	23908600	2 126.11
07-Dec-2004	2 154.1	2 161.30	2 114.65	2 114.66	26715200	2 114.66

（续表）

日期	开盘指数	最高指数	最低指数	收盘指数	成交量	走势指数
06-Dec-2004	2 145.4	2 157.43	2 138.21	2 151.25	21502500	2 151.25
03-Dec-2004	2 153.3	2 164.63	2 145.72	2 147.96	24109300	2 147.96
02-Dec-2004	2 134.0	2 156.14	2 131.65	2 143.57	24016100	2 143.57
01-Dec-2004	2 104.6	2 138.32	2 104.58	2 138.23	22816400	2 138.23

加州大学尔湾分校为数据挖掘研究者提供了丰富的数据集（http://archive.ics.uci.edu/ml），主要用于数据挖掘算法的实证分析，也为科研工作者提供了丰富的公共实验数据。至 2012 年，UCI 学校提供的数据共有 228 个，涉及网络安全、生物医学、物理学、天文地理、社会科学、环境监测等领域。类型不仅包括文本型，还包括音乐、图像等多媒体型。有的数据解压之后的记录数目可以达到几百万条。

1.1.2　知识

知识是"与经验、上下文、解释和思考结合在一起的信息。它是一种可以随时帮助人们决策与行动的高价值信息"。知识可以分为显性知识和隐性知识。显性的或者已编码的知识是指一种用正式、系统化的语言传输的知识；隐性知识拥有个人化的特征，这使得隐性知识很难被正规化和传播。

事实上，不同的研究学者有着对知识的不同认识，同时衍生出许多与知识相关的研究，如知识管理、知识表示、知识推理、知识经济、知识产权等。

数据和知识是人们认识事物的不同阶段，如图 1-1 所示。人们在认识事物的初期，往往获取的是事物相关的数据；而知识是人们认知过程的一个高级阶段。人们对数据进行加工处理，发现事物的运行规律，并总结为学问，这些规律和学问即为知识。

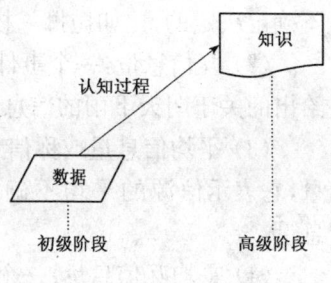

图 1-1　认知过程示意图

1.1.3　信息

"信息"的英文单词是"information"，它来源于拉丁文，原意是解释、陈述。"information"一词，在中国台湾、香港及澳门被译为"资讯"。

《辞海》中解释"信息"为客观存在的消息、情况、情报等。虽然现在已很少用"情报"这个术语，但 information 在近代历史上解释为情报非常合适。在中国，目前高等学校的信息学专业、信息管理与信息系统专业是从早期的情报学专业衍生而来。

关于信息,我们需要把握两种经典的定义或者观点:

1948 年,信息论的创始人申农(Shannon)在研究广义通信系统理论时把信息定义为信源的不定度。即信息被看作是用于消除信宿对信源发出何种消息的不确定性的东西。

1950 年,控制论之父维纳指出:"信息既不是物质,也不是能量,信息是人与外界相互作用的过程中,同外部世界相互交换的内容的名称。"该定义注意了信息的质的方面。

信息和物质、能源构成了现代社会发展的三大支柱资源。信息与物质最大的区别在于信息的共享性。例如,甲递给乙一个苹果,则甲不再拥有这个苹果。而甲告诉乙一则信息:"今天上证综合指数收盘上涨了 3%",乙获取这则信息的同时,甲仍然拥有这则信息。

可以理解,对于两则信息,"中国国家足球队获得了 2014 世界杯参赛权"与"巴西国家足球队获得了 2014 世界杯参赛权"含有的信息量不同。由此看来,信息是可以度量的。在信息论的理论中,可以用信息熵来计算一条信息含有的信息量,通常其单位是比特(bit)。

从申农的信息论角度,信息的度量有几个重要的概念:

(1) 自信息量:一个事件(或一则消息)本身所包含的信息量,它是由事件的不确定决定的,比如抛掷一枚硬币的结果是正面这个消息所包含的信息量。

(2) 互信息量:一个事件所给出关于另一个事件的信息量,比如今天下雨所给出的关于明天下雨的信息量。

(3) 平均信息量或称信息熵:事件集(用随机变量表示)所包含的平均信息量,它表示信源的平均不确定性,比如抛掷一枚硬币的试验所包含的平均信息量。

(4) 平均互信息量:一个事件集所给出关于另一个事件集的平均信息量,比如今天的天气所给出关于明天天气的信息量。

下面,我们在最简单的离散随机变量的情况下引入这些概念。

1) 自信息

信源发出的消息(事件)具有不确定性,而事件发生的不确定性与事件发生的概率大小有关,概率越小,不确定性越大,事件发生以后所含有的信息量就越大。小概率事件,不确定性大,一旦出现必然使人感到意外,因此产生的信息量就大,特别是几乎不可能出现的事件一旦出现,必然产生极大的信息量;大概率事件,是预料之中的事件,不确定性小,即使发生,也没什么信息量,特别是概率为 1 的确定事件发生以后,不会给人以任何信息量,因此随机事件的自信息量 $I(x_i)$ 是该事件发生概率 $p(x_i)$ 的函数,并且 $I(x_i)$ 应该满足以下公理化条件:

(1) $I(x_i)$ 是 $p(x_i)$ 的严格递减函数。当 $p(x_1) < p(x_2)$ 时,$I(x_1) > I(x_2)$,概率越小,事件发生的不确定性越大,事件发生以后所包含的自信息量越大(见图 1-2)。

(2) 在极限情况下,当 $p(x_i) = 0$ 时,$I(x_i) \to \infty$;当 $p(x_i) = 1$ 时,$I(x_i) = 0$。

(3) 从直观概念上讲,由两个相对独立且不同的消息所提供的信息量应等于它们分别提供的信息量之和,即自信息量满足可加性。

可以证明,满足以上公理化条件的函数形式是对数形式。

定义 1.1 随机事件的自信息量定义为该事件发生概率的对数的负值。设事件 x_i 的概率为 $p(x_i)$,则它的自信息量定义为:

$$I(x_i) = -\log p(x_i) = \log \frac{1}{p(x_i)} \tag{1-1}$$

从图 1-2 中可以看到,上述自信息量的定义正是满足公理性条件的函数形式,在它的定义域 $[0,1]$ 内,自信息量是非负的。

$I(x_i)$ 代表两种含义:在事件 x_i 发生以前,等于事件 x_i 发生的不确定性的大小;在事件 x_i 发生以后,表示事件 x_i 所含有或所能提供的信息量。在无噪音通道中,事件 x_i 发生以后,能正确无误地传输到收信者,所以 $I(x_i)$ 就等于收信者接收到 x_i 后所获得的信息量。这是因为消除了 $I(x_i)$ 大小的不确定性,才获得这么大小的信息量。自信息量的单位与所用的对数的底有关。

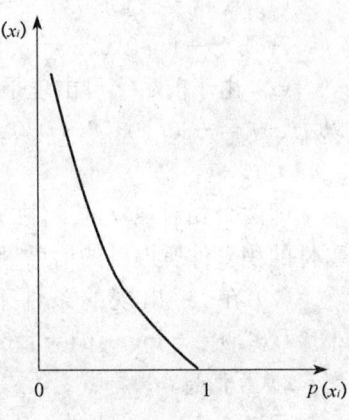

图 1-2 自信息量示意图

(1) 通常取对数的底为 2,信息量的单位为比特(bit, binary unit)。当 $p(x_i) = 1/2$ 时,$I(x_i) = 1$ bit,即概率等于 1/2 的事件具有 1 bit 的自信息量。例如,一枚均匀硬币的任何一种抛掷结果均含有 1 bit 的信息量。比特是信息论中最常用的信息量单位,当取对数的底为 2 时,2 常省略。注意:计算机术语中 bit 是位的单位,与信息量单位不同,但有联系,1 位的二进制数字最大能提供 1 bit 的信息量。

(2) 若取自然对数(以 e 为底),自信息量的单位为奈特(nat, natural unit),理论推导中或用于连续信源时,以 e 为底的对数比较方便。

$$1 \text{ nat} = \log_2 e \text{ bit} = 1.443 \text{ bit}$$

（3）工程上用以 10 为底较方便。若以 10 为对数底,则自信息量的单位为哈特莱（Hartley）,用来纪念哈特莱首先提出用对数来度量的信息。

$$1 \text{ Hartley} = \log_2 10 \text{ bit} = 3.322 \text{ bit}$$

一般地,如果取以 r 为底的对数 $(r > 1)$,则 $I(x_i) = -\log_r p(x_i)$,这里 r 为进制单位。

$$1 r \text{ 进制单位} = \log_2 r \text{ bit}$$

【例 1.1】　英文字母中"a"出现的概率为 0.064,"c"出现的概率为 0.022。①分别计算它们的自信息量。②假定前后字母出现是相互独立的,计算"ac"的自信息量。③假定前后字母出现是不相互独立的,当"a"出现以后,"c"出现的概率是 0.04,计算"a"出现以后,"c"出现的自信息量。

解析:

（1）$I(a) = -\log 0.064 = 3.96 \text{ bit}$

$I(c) = -\log 0.022 = 5.51 \text{ bit}$

（2）由于前后字母出现是相互独立的,"ac"出现的概率为 0.064×0.02,所以 $I(ac) = -\log(0.06 \times 0.02) = -(\log 0.064 + \log 0.022) = I(a) + I(c) = 9.47 \text{ bit}$。

即两个相对独立的事件的自信息量满足可加性,也就是由两个相对独立的事件的积事件所提供的信息量应等于它们分别提供的信息量之和。

（3）在"a"出现的条件下,"c"出现的概率会变大,它的不确定性会变小。$I(c|a) = -\log 0.04 = 4.64 \text{ bit}$。

2）互信息

定义 1.2　一个事件 y_i 所给出关于另一个事件 x_i 的信息定义为互信息,用 $I(x_i; y_i)$ 表示。

$$I(x_i; y_i) = I(x_i) - I(x_i \mid y_i) = \log \frac{p(x_i \mid y_i)}{p(x_i)} \qquad (1-2)$$

互信息 $I(x_i; y_i)$ 是已知事件 y_i 后所消除的关于事件 x_i 的不确定性,它等于事件 x_i 本身的不确定性 $I(x_i)$ 减去已知事件 y_i 后对 x_i 仍然存在的不确定性 $I(x_i \mid y_i)$。互信息的引出,是信息的传递得到了定量的表示,是信息论发展的一个重要的里程碑。

【例 1.2】　某地 2 月份天气出现的概率分别为晴 1/2,阴 1/4,雨 1/8,雪 1/8。某一天有人告诉你:"今天不是晴天",把这句话作为收到的消息 y_1,求收到

y_1 后 y_1 与各种天气的互信息量。

解析：

把各种天气记作 x_1（晴），x_2（阴），x_3（雨），x_4（雪）。收到消息 y_1 后，各种天气发生的概率变成了后验概率：

$$p(x_1 \mid y_1) = \frac{p(x_1 y_1)}{p(y_1)} = 0$$

$$p(x_2 \mid y_1) = \frac{p(x_2 y_1)}{p(y_1)} = \frac{1/4}{1/4 + 1/8 + 1/8} = \frac{1}{2}$$

$$p(x_3 \mid y_1) = \frac{p(x_3 y_1)}{p(y_1)} = \frac{1/8}{1/4 + 1/8 + 1/8} = \frac{1}{4}$$

同理 $\quad p(x_4 \mid y_1) = 1/4$

根据互信息量的定义，可计算出 y_1 与各种天气之间的互信息：

$$I(x_1 ; y_1) = \log \frac{p(x_1 \mid y_1)}{p(x_1)} = \infty$$

$$I(x_2 ; y_1) = \log \frac{p(x_2 \mid y_1)}{p(x_2)} = \log \frac{1/2}{1/4} = 1 \text{ bit}$$

$$I(x_3 ; y_1) = \log \frac{p(x_3 \mid y_1)}{p(x_3)} = \log \frac{1/4}{1/8} = 1 \text{ bit}$$

$$I(x_4 ; y_1) = \log \frac{p(x_4 \mid y_1)}{p(x_4)} = \log \frac{1/4}{1/8} = 1 \text{ bit}$$

3）平均自信息

自信息量是信源发出某一具体消息所含有的信息量，发出的消息不同它的自信息量就不同，所以信息量本身为随机变量，不能用来表征各个信源的不确定度。我们用平均自信息量来表征整个信源的不确定度。平均自信息量又称为信息熵、信源熵，简称熵。

因为信源具有不确定性，所以把信源用随机变量来表示，用随机变量的概率分布来描述信源的不确定性。通常把一个随机变量的所有可能的取值和这些取值对应的概率 $[X, P(X)]$ 称为它的概率空间。

假设随机变量 X 有 q 个可能的取值 x_i，$i = 1, 2, \cdots, q$，各种取值出现的概率为 $p(x_i)$，$i = 1, 2, \cdots, q$，它的概率空间表示为：

$$\frac{P(X)}{X} = \left\{ \frac{p(x_1)}{x_1}, \frac{p(x_2)}{x_2}, \cdots, \frac{p(x_q)}{x_q} \right\}$$

这里要注意，$p(x_i)$ 满足概率空间的基本特性：非负性 $0 \leqslant p(x_i) \leqslant 1$ 和完

备性 $\sum\limits_{i=1}^{q} p(x_i) = 1$。

定义 1.3　随机变量 X 的每一个可能取值的自信息量的统计平均值定义为随机变量 X 的平均自信息量。

$$H(X) = E[I(x_i)] = -\sum_{i=1}^{q} p(x_i)\log p(x_i) \tag{1-3}$$

这里的 q 为 X 的所有可能的取值个数。

熵的单位也是与所取的对数底有关,根据所取的对数底不同,可以使用比特/符号、奈特/符号、哈特莱/符号或者是 r 进制单位/符号,通常用比特/符号为单位。

熵这个术语是申农从物理学中热熵的概念借用过来的,热熵是反映分子混乱程度的一个物理量。信息熵 $H(X)$ 是对信息的平均不确定性的描述。

一般情况下,信息熵并不等于收信者平均获得的信息量。只有在无噪音情况下,收信者才能正确无误地接收到信源所发出的消息,全部消除了 $H(X)$ 大小的平均不确定性,所以获得的平均信息量就等于 $H(X)$。而一般情况下,因为干扰和噪声的存在,收信者不能全部消除信源的平均不确定性,获得的信息量将小于信息熵。

【例 1.3】　假设随机变量 X 的概率分布为 $p(x_i) = 2^{-i}$,$i = 1, 2, 3, \cdots$ 求 $H(X)$。

解析:

$$H(X) = \sum_{i=1}^{\infty} 2^{-i} \log \frac{1}{2^{-i}} = \sum_{i=1}^{\infty} i 2^{-i} = 2 \text{ 比特/符号}$$

1.1.4　数据挖掘的定义

数据挖掘最早是在 1995 年美国计算机学会 ACM 召开的第一届知识发现和数据挖掘国际会议上正式被提出的。U. Fayyad 认为,数据挖掘是 KDD 过程的一步,即通过使用各种数据分析和发现算法,在可接受的时间内产生模式,这种模式也称为知识。数据挖掘是知识发现过程中对数据真正应用算法抽取知识的那一步,是知识发现过程中的重要环节。经过预处理的数据的质量和数据挖掘算法的有效性,对知识发现的过程和输出都会产生很大的影响。然而,在很多文献中,数据挖掘和数据库中的知识发现这两个术语通常可以被不加区分地使用。持这种观点的人们认为:数据挖掘和数据库中的知识发现都是从大量无序数据中发现隐藏的并且潜在有用的模式和知识的过程。

本书持有的定义:"数据挖掘,是采用数学、统计、人工智能和机器学习等领域的科学方法,从大量的、不完全的、有噪声的、模糊的和随机的数据中提取隐含的、预先未知的并且具有潜在应用价值的模式的过程。"

这里,模式也称为知识。我们简单区分一下,数据(data)是指原始记录、资料和信息。例如,某个企业的上半年的所有销售信息,一所学校所有学生的基本信息等,我们上网所看到的 Web 资讯也可以作为数据。数据的存放格式通常选择数据库,也可以使用其他格式如 XML 等文本格式。知识(knowledge)是在数据的基础之上,能被人们认识、掌握和运用的有价值的信息。如勾股定理描述了一则知识。又如,通过数据挖掘关联分析技术发现购物篮数据中啤酒和尿布之间的惊人关联规则是知识,据此重新布置超市的货架,使啤酒与尿布的摆放位置靠近,能大大提高零售商的销售业绩。在第 3 章,读者可以进一步看到如何进行关联分析以获取购物篮数据中类似啤酒与尿布的关联关系。数据和知识是人们对事物认识的两个阶段。

数据挖掘与传统的数据分析方法(查询、报表、统计和联机分析处理 OLAP)的本质区别是数据挖掘在没有明确假设的前提下去挖掘信息、发现知识。数据挖掘所得到的模式具有隐含性、未预期性、有潜在价值性 3 个特征。

20 世纪 90 年代购物篮数据上的关联分析是数据挖掘的成功案例。随着数据挖掘的发展和普及,改进的和革新的数据挖掘技术也同时在日新月异的发展。目前,数据挖掘所使用的技术按照它们的功能可以分为关联分析、分类分析、聚类分析和序列分析等。而具体而言,这些技术又各自包含了许许多多的算法。

1.2 数据挖掘与数据库的关系

1.2.1 数据库简介

数据库是以某种数据模型所确定的数据结构方式来组织和存储某个组织(或部门)相互关联的数据集。数据库管理系统是一种帮助用户建立、使用、管理和维护数据库的计算机系统软件。或者说,数据库管理系统是开发一个实际应用数据库的工具并支撑其运行的平台。数据库管理系统必须与其管理的数据库的数据模型相一致。

1) 数据模型

数据模型是对现实世界数据特征进行抽象的工具,用来描述和处理现实世界中的数据和信息。数据模型能较真实地模拟现实世界,既要便于人们理解,又要便于在计算机上实现。数据模型主要由数据结构、数据操作、数据完整性规则 3 个部分组成。数据结构描述了组成数据库的基本成分;数据操作描述了对数据结构允许执行的操作集合;完整性规则描述了对数据结构所具有的约束和存储规则。

2) 关系数据模型

关系数据模型的数据结构是人们日常事务处理中常见的二维表结构(如工资发放表)。关系数据模型将数据看成是二维表中唯一的行号和列号确定的一个表中元素,即关系数据模型是用二维表的方式来组织、存储和处理数据和信息的。从应用的角度来看,任何一个组织(或部门)的关系数据库的基本组成成分是二维表,或者说某个组织(或部门)的数据库是由若干张相互关联的二维表组成。由于二维表结构清晰、简单、易于理解,也易于计算机实现(存储、操作、控制),加上关系数据模型有数学理论基础(集合论、关系代数),因此现在的数据库管理系统软件都是基于关系数据模型研发的,如 DB2、ORACLE、SQL SERVER、SYBASE、ACCESS、FOXPRO 等。也就是说,用这些关系数据库管理系统软件为某个组织开发的会计数据库和人事数据库必须按关系数据模型来组织数据。那么,关系数据模型中的二维表与数据库中的数据文件之间有何联系?

(1) 关系、二维表、数据文件:关系数据模型中用关系来表述现实世界中能够相互区别的要管理的数据对象集。每一个关系都有一个关系名和一组表述其特征的属性集,人们就是通过这些属性集区别不同的关系。如记账凭证、会计科目、总账都可以称之为关系,它们都是要管理的数据对象集,都有各自的属性集。一个关系用一张二维表表示,表名对应关系名。二维表由有限不重复的行组成,表中的每一列不可再分。一张二维表在关系数据库中用一个数据文件存储。

(2) 记录:二维表中的每一行称为一个记录,描述了关系中一个具体的个体,在数据文件中是一个记录值。

(3) 属性、列、字段:二维表中的每一列是一个属性,描述了关系的一个特征。一个二维表的所有列构成了一个关系的属性集,通过它可以区别不同的二维表(关系)。二维表中的每一列的数据属于同一类型。每一列的列名对应关系的属性名,同时对应数据文件中的字段名。

(4) 主码、主关键字:指二维表中的某个列(属性)或某几个列(或属性组),它们的值能够唯一确定表中或数据文件中的一个记录。

(5) 域:描述二维表中每一列属性或数据文件的某一字段的取值类型和范围。

(6) 关系模式:一个关系模式由一个关系名及它所有的属性构成,它对应一个二维表的表名和表头栏目行(列的集合),构成了一个二维表的框架,同时也是设计该二维表的数据文件结构的依据。至此,我们直观地介绍了关系数据库中的关系、二维表、数据文件之间各个概念的对应关系。二维表中的行与数据文件的记录、二维表的列(属性)与数据文件的字段之间相互对应。

3) 关系数据模型的数据操作

从数学的角度看,关系数据模型的数据操作是基于集合的操作,操作对象和操作结果都是集合。从数据处理的角度看,数据操作的对象和结果都是二维表。对二维表的操作主要有:

(1) 对表中的行(记录)进行操作:指对一张表中指定范围的记录进行有条件的操作,操作的结果组成一张新表。

(2) 对表中的列(属性)进行操作:指对一张表中指定的列进行有条件的操作,操作的结果组成一张新表。例如,从"会计科目代码表"中选出"科目代码"、"科目名称"两列,组成新的科目代码对应表,新表只有"科目代码"和"科目名称"两列。显然,操作后的结果表的结构与原表不同,结果表小于或等于原表。

(3) 连接:对两张表或多张表进行有条件的连接操作,生成一张新表。连接操作后的结果表大于等于操作前的表。从应用的角度看,对二维表中的数据操作功能主要包括更新(增加、修改、删除)数据和检索(查询)数据,即对二维表填入和修改数据,并从表中检索出数据进行加工应用。

4) 关系数据模型的数据完整性规则

数据完整性是指数据库中存储的数据是有意义的或正确的。关系数据模型中的数据完整性规则是指对二维表的定义和操作过程中要遵循的某些约束条件。主要包括:

(1) 实体完整性:指每张表都必须有主码,而且表中不允许存在无主码值的记录和主码值相同的记录。

(2) 参照完整性:指一张表的某列的取值受另一张表的某列的取值范围约束,描述了多张表之间的关联关系。

(3) 用户定义完整性:指针对某一具体应用定义的数据库约束条件,反映某一具体应用所涉及的数据必须满足应用语义的要求。即限制属性的取值类型及范围,防止属性的值与应用语义矛盾。

1.2.2 数据挖掘与数据库

在很多文献中,数据挖掘和数据库中的知识发现这两个术语通常可以不加区分地使用。在本书中,数据库中的知识发现简称知识发现。持这种观点的人们认为:数据挖掘和知识发现都是从大量无序数据中发现隐藏的并且潜在有用的模式和知识的过程。

　　然而,另外一部分人认为:数据挖掘与知识发现存在着差别,知识发现是
包含许多步骤的一个过程,而数据挖掘是知识发现过程中的一个步骤或者子
过程。图 1-3 给出了知识发现的全过程。数据挖掘是知识发现过程中对数据
真正应用算法抽取知识的那一步,是知识发现过程中的重要环节。经过预处
理的数据质量和数据挖掘算法的有效性对于知识发现的过程和输出都会产生
很大的影响。

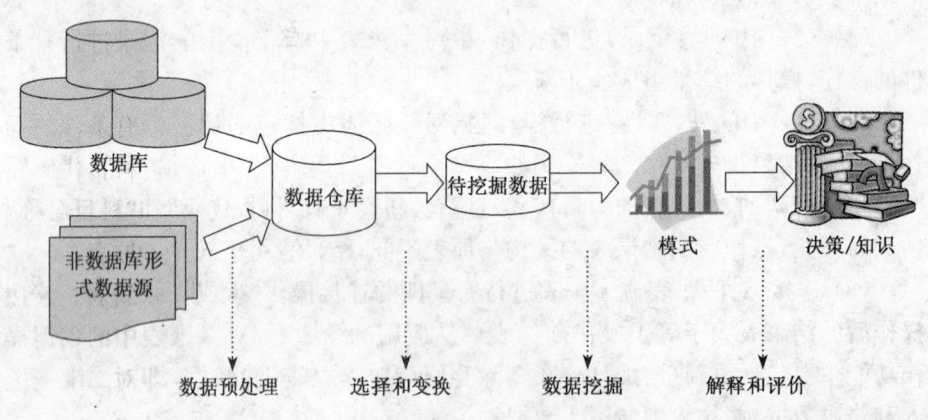

图 1-3　知识发现的过程示意图

　　知识发现是一个包含了一个序列步骤的过程,这个过程的输入是原始数据,
中间需要经过数据预处理、数据选择和变换、数据挖掘、模式解释和评价等步骤。
过程的输出是用户期待的知识。

　　数据挖掘成为学术界的一个重要研究领域,可以从近二三十年的重要国际
会议得到反映。

　　每年召开的 VLDB 和 SIGMOD 学术会议被公认为数据库领域的顶级国际
会议。近 10 年来,这两个会议都将数据挖掘作为重要议题。专门以数据库中的
知识发现为主题的会议还包括 KDD 会议,亚太数据库中的知识发现会议
PAKDD,欧洲数据库中的知识发现会议 PKDD。此外,相关的重要会议还包括
国际数据工程会议 ICDE 和国际数据挖掘会议 ICDM。

1.3　数据挖掘的过程

　　数据挖掘的过程大致可分为:问题定义、数据采集、数据预处理、数据挖掘,
以及结果评估与展示。如图 1-4 所示,每一个过程用矩形方框描述。

　　从狭义上说,数据挖掘指的是应用数据挖掘算法分析挖掘数据,但这仅仅指

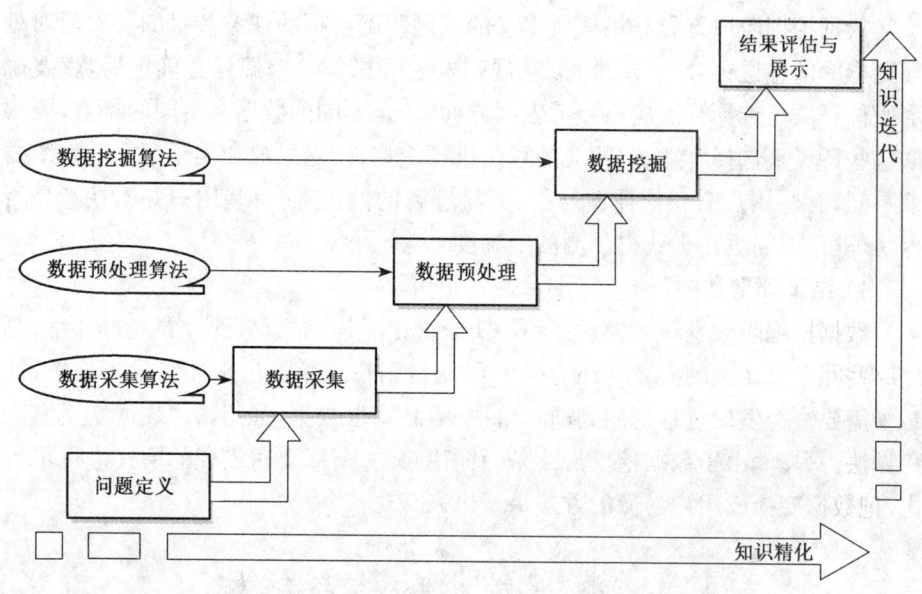

图 1-4　数据挖掘的过程示意图

的是其中的一个步骤。在数据挖掘整个系统中真正用到数据挖掘算法的分析数据的工作量其实并不大,最开始的问题定义、数据采集和数据预处理反而占了绝大多数的时间。

1) 问题定义

数据挖掘是为了能在海量的数据中发现隐藏在其中的有意义的信息。因此确定何种信息是有意义的是整个过程开始的重要阶段。所以在问题定义过程中,数据挖掘人员必须和最终用户进行协作。一方面要确定最终得到的结果是什么;另一个方面对比各种算法最终确定最适合的算法为后续工作奠定基础。这样既能减少工作量,而且也能使挖掘工作更有目的性,更有效。

2) 数据采集和数据预处理

数据采集主要是确定操作的对象,即目标数据。目标数据可以是 Web 日志、浏览内容等。数据预处理一般包括数据清洗、数据集成、数据变换和数据归约等,主要是对数据进行标准化处理,通过过滤噪声、补充缺失值、消除重复记录、完成数据类型变换等,使处理过后的数据更加规范化。如果数据挖掘的对象是数据仓库,一般数据预处理已经在数据仓库生成的阶段完成了。

3）数据挖掘

数据挖掘阶段首先是根据所定义的问题明确挖掘的任务和目的。然后对处理完毕的信息进行分类、聚类、关联规则发现等操作。挖掘任务确定后，就要确定何种算法。选择算法应该要考虑两方面：一是不同的数据有不同的特点，要根据这些特点来选择合适的、相关的算法进行挖掘；二是用户和实际运行的系统要求不同，有些用户需要描述性好的、容易理解的信息，而有些用户并不在意是否容易理解，他们更在乎获得预测的准确度。

4）结果评估和展示

数据挖掘阶段发现的模式并不一定全部是必需的、有效的。要经过评估，删除那些冗余或无关的模式。还有一种可能是用户对挖掘出来的结果不满意，这时候需要整个发现过程退回到前续阶段，重新选取数据，采用新的数据变换方法和算法。另外，由于数据挖掘最终是面向用户的，所以要对发现的模式进行可视化，把数据变换成用户易懂的方式呈现出来。

1.4　数据挖掘的体系结构

图1-5给出了数据挖掘的体系结构。总的来说，数据挖掘的体系结构中包括数据准备层、挖掘引擎层和用户界面层。

1）数据准备层

数据挖掘的对象是数据。数据采集过程是对各种数据进行收集。比如说客户的注册信息、客户的浏览内容等。为了便于进行数据挖掘，各种来源的数据经过预处理（包括数据清洗、数据集成、数据变换等）以后，将所有数据统一存放在一个统一模式的数据仓库内。这个模式的设计综合考虑了挖掘的目标、采用的算法、数据的特点等各种因素，使得挖掘能够最优化。

2）挖掘引擎层

数据挖掘引擎内集成了数据挖掘的多种算法，特定的数据就要使用特定的算法。数据挖掘参考知识库，对数据库或者数据仓库中的数据进行挖掘，得到许多模式，并对这些模式进行评估、筛选，得到有意义的、用户感兴趣的模式。

3）用户界面层

用户界面是人机交互的界面。用户界面将这些模式用直观的、易于用户理解的方式表现给用户。另外，用户可以（有时也必须）通过用户界面对模式评估、挖掘引擎、数据的组织模式进行指导。

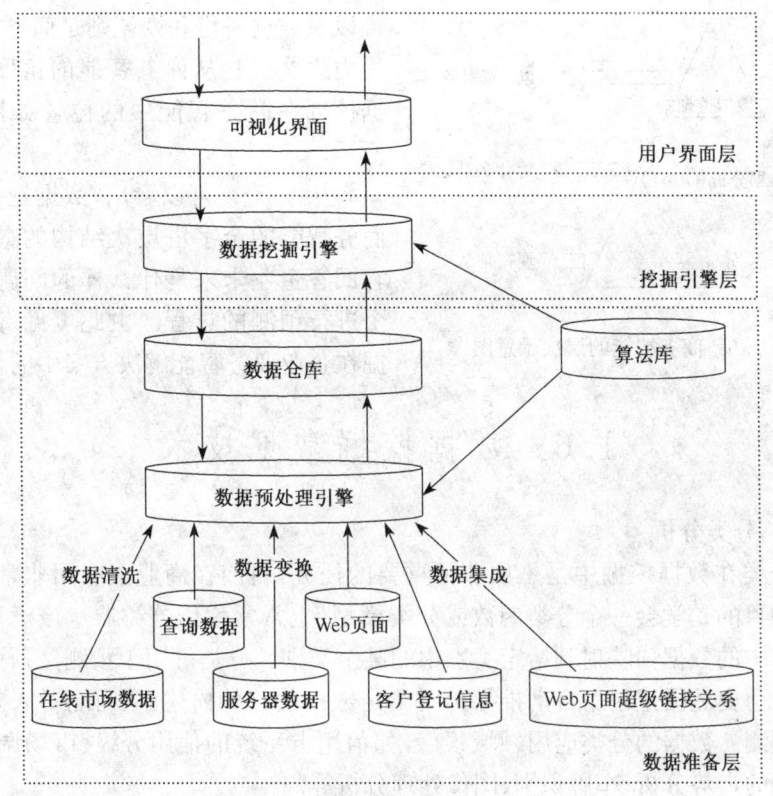

图 1-5 数据挖掘的体系结构示意图

1.5 数据挖掘在商务智能中的位置

商务智能 BI(business intelligence)是 20 世纪 90 年代中期提出的。商务智能提供一种解决方案,它是将企业大量数据转化为知识,并将知识转化为企业效益和企业目标实现的过程。

王茁、顾洁在其编著的《三位一体的商务智能》一书中阐述:"商务智能是企业利用现代信息技术收集、管理和分析结构化和非结构化的商务数据和信息,创造和累计商务知识和见解,改善商务决策水平,采取有效的商务行动,完善各种商务流程,提升各方面商务绩效,增强综合竞争力的智慧和能力[1]。"

可以把商务智能理解为企业的"将",数据仓库、查询报表、联机分析、数据挖

---

① 王茁,顾洁. 三位一体的商务智能[M].北京:电子工业出版社,2004.

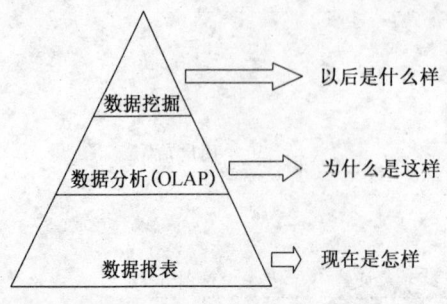

图 1-6　商务智能的层次示意图

掘以及数据备份和恢复则是商务智能的得力之"士"。从商务智能的角度看,数据挖掘在商务智能中的位置如图 1-6 所示。

从图 1-6 可以看出,数据挖掘位于商务智能的金字塔层次结构的最上层,它回答企业未来是什么样的问题,是一个进行预测的过程。由此可见,数据挖掘在企业商务智能解决方案中的价值。

1.6　数据挖掘常见技术

1) 分类分析

分类在数据挖掘中是一项非常重要的任务,目前在商业上应用非常广泛。分类的目的是学会一个分类函数或分类模型(也常常称作分类器),该模型能把数据库中的数据项映射到给定类别中的某个类别。分类可用于预测。预测的目的是从历史数据记录中自动推导出对给定数据的趋势描述,从而能对未来数据进行预测。数据的分类应用领域很广,如信用卡系统的信用分级、市场调查、金融市场的走势分析、车牌识别、图像处理分析等。

分类器的构造方法有统计方法、机器学习方法、神经网络方法等。

(1) 统计方法:包括贝叶斯法和非参数法等。临近学习或基于事例的学习是归属于非参数方法。使用这些方法一般首先建立一个数据模型或统计模型,然后根据这种模型提取有关的知识。贝叶斯推理、回归分析、方差分析等技术是许多挖掘应用中有力的工具之一。

(2) 机器学习方法:包括决策树法和规则归纳法。前者对应表示为决策树或判别树,后者则有决策表和产生式规则等。决策树学习是一种通过逼近离散值目标函数的方法,把实例从根节点排列到某个叶子节点来分类实例。建立决策树的一个节点,再根据字段的不同取值建立树的分支;在每个分支子集中,重复建立树的下层节点和分支的过程,即可建立决策树。

(3) 神经网络方法:具有非线性映射特性、信息的分布存储、并行处理和全局集体的作用、高度的自学习、自组织和自适应能力的种种优点。这些优点使得神经元网络非常适合解决数据挖掘的问题。

2) 聚类分析

从对数据的处理结果来看,聚类与分类相似。它们的执行结果都是将数据进行分组。但与分类不同的是,聚类要划分的类不是预先给出的。在聚类过程中,分组是利用各个数据的属性值之间的相似程度来进行的,每一组称为一簇。

下面介绍几种聚类方法:

(1) 划分的方法:首先创建 k 个划分,k 为要创建的划分个数,每个划分表示一个聚类。划分方法为首先创建一个初始划分,然后采用一种迭代的重定位技术,通过对象在划分区之间移动来改善划分,而且划分遵循的原则是在同一类中的对象之间的距离尽可能小,在不同类对象之间的距离尽可能大。

(2) 层次的方法:层次的方法是对给定数据集合进行层次分解,层次的方法可分为凝聚的和分裂的方法。凝聚的方法是自底向上的方法,一开始把每个对象看作一个组,通过合并相似的对象或者组,最后得到满足一定条件的组的集合。分裂的方法是自顶向下的方法,一开始所有的对象归为一个簇中,通过不断的迭代,一个簇分成更小的簇,最后达到一个终止条件。

(3) 基于密度的方法:绝大多数聚类方法是基于对象之间的距离进行的,这些方法产生的是球状的簇,但很难发现任意形状的簇。基于密度的方法的思想是只要临近区域的密度超过某个阈值就继续聚类,这样的方法可以用于过滤"噪声"数据,发现任意形状的簇。

3) 关联规则分析

关联是指两个或多个变量的取值之间存在某种规律性。关联规则是描述两个或多个变量之间的某种潜在关系的特征规则。找出所有类似这样的规则,对于企业在销售配货、商店商品的陈列设计、超市购物路线设计、产品定价和促销等方面都是很有价值的。关联规则就是支持度和置信度分别满足用户给定阈值的规则。

经典的关联规则算法是 Apriori 算法。Apriori 算法将发现关联规则的过程分为两个步骤:第一步通过迭代,检索出数据集市中的所有频繁项集,即支持度不低于用户设定的阈值的项集;第二步利用频繁项集构造出满足用户最小置信度的规则。其中,识别出所有频繁项集是该算法的核心,占整个计算量的大部分。

本书第 3 章到第 5 章将分别详细地介绍数据上的关联分析、分类分析和聚类分析的理论方法。

4) 其他分析技术

事实上,随着信息技术的发展,除了以上常见的 3 种分析技术之外,用于数据挖掘的技术还有许多。例如,遗传算法、蚁群算法等是用于最优化的仿生技术。时间序列分析用于处理具有时间簇属性的数据。从广义上说,凡是对数据对象进行分析处理,并获取有意义的结果的技术都可以归为数据挖掘技术。

1.7　数据挖掘标准的发展

1.7.1　预测模型标记语言 PMML

XML(eXtensible Markup Language)和 XMLS(XML Schema)是比较成熟且应用广泛的数据交互格式。其中,XML 是一种定义标记语言的元语言规范,它提供了应用程序数据交换的统一框架和一组包括语法解析器在内的开发工具,XMLS 是定义 XML 文档结构的语言。XML 的前身是 SGML(The Standard Generalized Markup Language),它将 SGML 的丰富功能与 HTML 的易用性结合到 Web 的应用中,以一种开放的、自描述方式定义了数据结构。在描述数据内容的同时能突出对结构的描述,从而体现出数据之间的关系。这样所组织的数据对于应用程序和用户都是友好的、可操作的。XML 被誉为是至今为止最聪明的符号化语言,已成为下一代网络——语义 Web 发展的基石。

XML 的显著优势是可以作为元语言来定义其他语言。由于 XML 具有元语言的功能,所以可以成为描述电子商务数据、多媒体演示数据、数学公式等各种各样数据应用语言的基础语言。例如,W3C 开发了很多以 XML 为元语言的应用规范,如 mathml(数学表达式标记语言)和 smil(多媒体演示标记语言);非 W3C 定义的语言包括 newsml(新闻媒体标记语言)、bml(卫星数据传送标记语言)、pml(金融标记语言)、cxml(电子商务标记语言)和 fcml(化学标记语言)。

预测模型标记语言 PMML 是由数据挖掘联盟 DMG① 组织开发的、用于描述数据挖掘模型的基于 XML 的标记语言②,其目标是定义一个标准的 XML 格式,用于保存挖掘模型的内容。PMML 最早由美国芝加哥 Illinois 大学国家数据挖掘中心 NCDM 开发,1999 年 7 月 DMG 组织发布了 PMML 语言 1.0 版本。2007 年,DMG 组织推出了 PMML 语言 3.2 版本③。目前,DMG 组织的许多厂商正致力于将 PMML 作为统一的标准化的数据挖掘模型描述语言。PMML 语言在数据挖掘系统的元数据交换、集成和共享上有着显著优势。PMML 标准化

---

　　① DMG 组织是由 IBM、微软、Oracle、SAS、SPSS 等数据库、数据分析公司和专门从事数据挖掘的单位如芝加哥 Illinois 大学国家数据挖掘中心、Oracle 数据挖掘研究组等组成的数据挖掘联盟,目前成员数为 13 个。参阅 http://www.dmg.org/index.html。

　　② DMG. Data Mining Group-PMML Products [EB/OL]. (2008-01-01)[2012-08-27]. http://www.dmg.org/products.html。

　　③ DMG. PMML Version 3.2 [EB/OL]. (2008-01-01)[2012-08-27]. Data Mining Group. http://www.dmg.org/pmml-v3-2.html。

了常见的数据挖掘算法的模型内容。例如,描述关联规则模型的 PMML 指定了一些标记来描述事务、项与项集以及关联规则的支持度与置信度等。PMML 使得模型的部署、发布、维护,以及软件包间的模型信息共享交换变得容易。例如,用一个工具开发的模型可以通过 PMML 转换到另一个工具中用于评测。

PMML 为一组常用的数据挖掘算法定义了 XML 表示,包括回归、决策树、关联规则、神经网络、贝叶斯、序列模式、基于中心的聚类、基于密度的聚类,随着 PMML 版本的推进,将有更多的算法被 PMML 支持和定义。除了算法部分外,PMML 文档还包括数据字典、转换字典、统计信息、特定参数等组成部分。数据字典中包含挖掘模型中使用的字段(词汇)定义,它指定字段的类型和值的范围。转换字典包含了对使用转换方法(包括标准化、离散化、值映射和融合等)派生出的挖掘字段的描述。统计信息包括了训练数据集的统计信息。特定参数包含了一个挖掘模型需要的特定参数。

一个 PMML 文档总的架构如图 1-7 所示。

```
<?xml version="1.0"?>
<PMML version="3.1"
    xmlns="http://www.dmg.org/PMML-3_1"
    xmlns:xsi="http://www.w3.org/2001/XMLSchema-instance" >
    ...
    <Header copyright="www.dmg.org"/>
    <DataDictionary> ... </DataDictionary>

    ... a model ...

</PMML>
```

图 1-7 PMML 文档框架示意图

归纳 PMML 在数据挖掘产品的部署与维护上的优势如下:

(1) 评测。通过使用 PMML,一个数据挖掘的应用程序可以使用训练数据产生 PMML 模型。然后,一个完全不同的应用程序,运行在一个完全不同的系统上,可以对这个 PMML 模型进行评测(scoring)。

(2) 模型管理。当数据挖掘应用程序被部署了,统计等模型通常会随着时间而变化。也就是说,一个简单的应用可能会需要一些甚至是大量的统计模型。管理如此多的模型可以简单地通过基于 PMML 的模型仓库进行。

（3）高度可利用的应用程序。一些数据挖掘应用程序往往需要它们高度可利用并且能够随时间不断更新。这时可以采用 PMML 来定义数据挖掘应用的标准。例如，使用 PMML 描述一个模型的输入、输出、参数和元数据。

（4）适应性。数据挖掘的许多应用是受管制的产业。例如，金融服务，保险和医疗必须保证统计和数据挖掘的模型适应各种规则。将一个统计和数据挖掘模型装入 PMML，使用一个评测引擎，检查模型的适应性，保持模型的数据库日志能够被使用来评测，以提供一个简单的方法来应付这些需要。

1.7.2　公共仓库元模型 CWM

对象管理组织 OMG 于 2001 年 3 月颁布了元数据标准 CWM 1.0①。CWM 定义了一个描述数据源、数据目标、转换、分析、处理、操作等与建设和管理数据仓库相关信息的元数据基础框架，并且定义了建立和管理数据仓库的过程和操作，提供使用信息的继承，为我们在多个厂商的产品之间进行元数据的共享集成提供了切实可行的标准。图 1-8 给出了一种通过公共仓库元模型 CWM 集成的信息供应链。

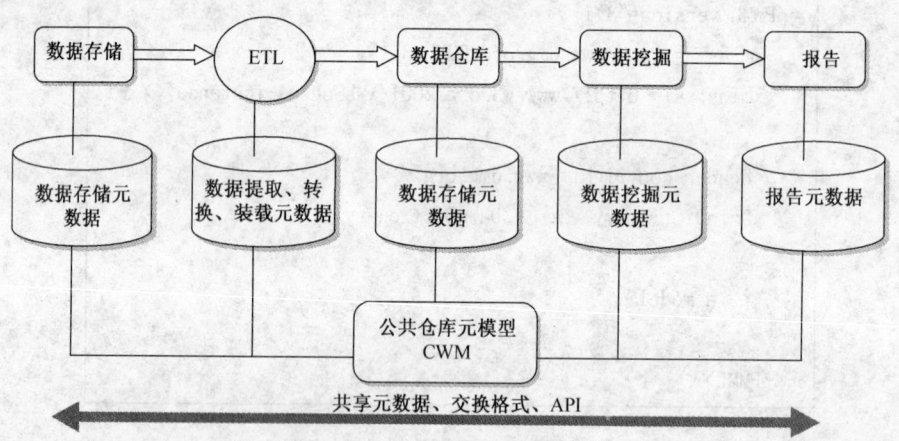

图 1-8　公共仓库元模型示意图

CWM 的目标是将数据仓库和业务智能领域的共享元数据的交换格式标准化，将访问这些元数据的编程语言 API 标准化。OMG 组织的初表是要实现模型驱动架构 MDA（Model Driven Architecture），并制定了统一建模语言 UML、

---

① OMG. Common warehouse metamodel specification，Version 1.1（EB/OL）.（2003-03-02）[2012-08-27]. http://www.omg.org.

元对象设施 MOF(Meta Object Facility)①、XML 元数据交换 XMI(XML Meta Data Interchange)和 CWM 等标准。OMG 提供以下步骤实现 CWM 的目标：

(1) 使用统一建模语言 UML 为 CWM 定义共享元数据的模型。

(2) 使用可扩展标记语言 XML 为 CWM 元数据生成交换格式的规范。

(3) 使用 CORBA 接口定义语言(IDL)为访问 CWM 元数据生成编程语言 API 的规范。

UML 是用于建模的通用语言,可以用于对任何自然系统或者人工系统进行建模。使用 UML 对元数据建模时,需要将其置于 MOF 环境中。元对象设施 MOF 是一个用来定义、构造、管理、交换和集成软件系统中元数据的模型驱动的、分布式对象框架。该框架的目的是支持任何种类的元数据,并允许在需要时添加新类别的元数据。MOF 采用了 4 层元数据体系结构,也称为 OMG 元数据体系结构,如表 1-2 所示。

表 1-2

OMG 元数据体系结构

OMG 无模型层次	示　例	MOF 术语
M3	MOF 模型	元-元模型
M2	UML 元模型、 CWM 元模型	元模型、 元-元数据
M1	UML 模型、数据仓库/数据挖掘元数据	模型、元数据
M0	数据仓库系统/数据挖掘系统、数据仓库数据/商务智能数据	对象、数据

表 1-2 中除了 M3 层,每一层都是上一层的实例;除了 M0 层,每一层都是下一层的元类。M0 层是实例层,如数据仓库数据和商务智能数据等实际数据,或者数据仓库系统、数据流挖掘系统等实际系统对象。对 M0 层形式化建模的模型,或者描述数据的元数据位于 M1 层,M1 层可以称为模型层。例如,建模系统的 UML 模型、描述数据仓库数据和系统的元数据等位于 M1 层。M2 层是为了描述 M1 层模型的元模型层,该层的数据是对 M1 层元数据的描述,称为元-元数据。例如,描述 UML 模型的 CWM,或者对 PMML 语言的设计,都是位于 M2 层。对 M2 的描述需要由 M3 层来完成,称为元-元模型层,OMG 组织使用元对象设施 MOF 来定义建立 M2 层元模型的建模元素和使用规则。

---

① OMG. OMG's Meta Object Facility (EB/OL). (2008－01－01)[2012－08－27]. http://www.omg.org/mof.

　　注意 MOF 模型以 UML 的概念和结构为基础,因此,MOF 模型没有定义它自己的图形符号和约束语言,而采用 UML 的图形符号和对象约束语言 OCL 来实现其目的。

　　数据挖掘元模型在实现数据挖掘产品标准化、数据挖掘元数据集成和共享上发挥重要的作用。数据挖掘元模型如图 1-9 所示。基于 CWM 的数据挖掘元模型分为 3 个主要概念领域:核心模型、挖掘设置和挖掘属性。核心模型领域表示数据挖掘操作信息的数据模型。核心模型包括挖掘模型元类 MiningModel 的表示、描述由生成模型的测试或应用所产生的结果集的 MiningModelResult 元类、用于驱动模型构造的 MiningSetting 元类、用于指定模型的一组输入属性的 ApplicationInputSpecification 类等。

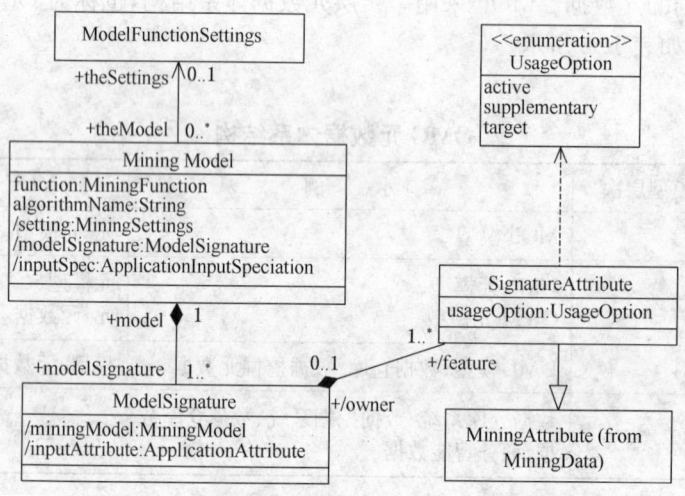

图 1-9　基于 CWM 的数据挖掘元模型示意图

　　挖掘设置概念领域主要关注数据挖掘算法参数的设置。MiningSetting 元类定义了 4 种特定的设置类型:Statistics、Clustering、AssociationRule、SupervisedMining,其中 SupervisedMining 又分为 Classification 和 Regression。AttributeUsageRelation 元类提供了关于设置如何使用挖掘属性的信息。挖掘属性概念领域的挖掘属性元类 MiningAttribute 定义了两个挖掘属性子类,数值属性和分类属性。

1.7.3　跨行业数据挖掘标准流程 CRISP-DM

　　Cross-Industry Standard Process for Data Mining,中文翻译为"数据挖掘的跨行业标准过程"。CRISP-DM 是由欧洲几家在数据挖掘应用上有经验的公司共同筹划组织的一个特别小组所提出的。该组织的成员包括数据仓储供货商NCR、德国汽车航天公司 Daimler-Chrysler、统计分析软件供货商 SPSS 和荷兰的银行保险公司 OHRA,除了 NCR 与 SPSS 等是专注于数据挖掘软件开发的成员之外,也有其他众多厂商参与实验,通过实际操作过程,整体规划设计,并在2000 年推出了 CRISP-DM 1.0 模型,把数据挖掘过程中必要的步骤都加以标准化。CRISP-DM 模型强调完整的数据挖掘过程,不能只针对数据整理、数据显示、数据分析以及构建模型,而应该将对企业的需求问题的理解,以及后期对模型的评价与模型的延伸应用都纳入到数据挖掘过程中。因此,CRISP-DM 从方法学的角度强调了实施数据挖掘项目的方法和步骤,同时独立于每种具体数据挖掘算法和数据挖掘系统。

CRISP-DM 分为 6 个阶段,分别简介如下。如图 1-10 所示。

1) 定义商业问题(business understanding)

此阶段的主要工作是要针对企业问题以及企业需求进行了解确认,针对不同的需求作深入的了解,将其转换成数据挖掘的问题,并拟定初步构想。在此阶段中,需要与企业各层次进行讨论,只有对要解

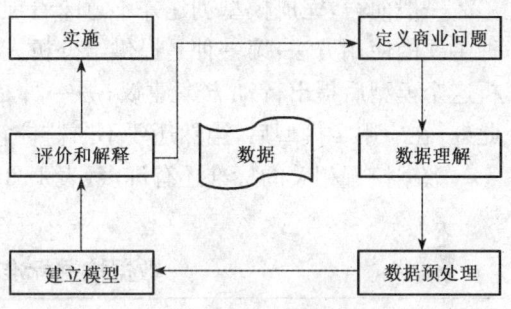

图 1-10 CRISP-DM 模型示意图

决的问题有了非常清楚而全面的了解,才能正确地针对问题拟定分析过程。

2) 数据理解(data understanding)

此阶段包括建立数据库与分析数据。在这个阶段必须先收集数据,了解数据的含义与特性,并过滤出所有可能有用的数据,然后进行数据整理并评估数据的质量,必要时再将分属不同数据库的数据加以合并或整合。数据库建立完成后再进行数据分析,并找出影响最大的数据,进而判断是否有必要进一步收集更为详细的数据。

3) 数据预处理(data preparation)

此阶段和数据理解阶段为数据准备阶段的核心,这是建立模型前的最后一步数据准备工作。数据预处理任务很可能要反复执行多次,并且没有任何既定的顺序,其目的是把各种不同来源的数据加以清理、整理和归并,以适合数据挖掘技术的使用。

4) 建立模型(modeling)

此阶段对预处理过的数据应用各种数据挖掘技术,建立分析模型,发现企业

问题的根源。面对同一个问题,会有多种可供使用的分析技术,但是每种技术对数据都有不尽相同的要求,因此需要回到数据预处理阶段,重新转换数据为符合要求的格式。

5) 评价和解释(evaluation and explanation)

从数据分析的观点看,在开始进入这个阶段时已经建立了看似是高质量的模型,但在实际应用中,随着应用数据的不同,模型的准确率肯定会发生变化。这一阶段的主要任务是对于挖掘结果加以评价和解释。一个值得注意的问题是,是否有某些重要的商业问题还没有充分考虑,以至于使模型的预测精度发生了显著的变化。

6) 实施(deployment)

一般而言,完成模型创建并不意味着项目结束。模型建立并经验证后,有两种主要的使用方法:第一种是提供给分析人员作参考,由分析人员通过查看和分析这个模型后提出行动方案建议;另一种是把此模型应用到不同的数据集上。此外,在应用了模型后,当然还要不断监控它的效果。

数据挖掘相关的标准还有许多,表 1-3 列出了目前主要的数据挖掘标准。

表 1-3

数据挖掘标准一览表

范　　围	数据挖掘标准	内容描述
面向过程的标准	跨行业数据挖掘标准流程 CRISP-DM(CRoss Industry Standard Process for Data Mining)	描述数据挖掘项目生命周期的流程
XML 标准	预测建模标记语言 PMML(Predictive Model Markup Language)	基于 XML 格式的,用于描述数据挖掘模型的相关内容
基于 UML 标准	基于 CWM 的公共数据挖掘元模型 CWM4DM(Common Warehouse Model for Data Mining)	使用 UML 描述了数据挖掘领域中元数据的定义,包括数据挖掘中模型表示、参数设置、属性设置和结果表示等
API 标准	SOL/MM, Java API (JSR-73), Microsoft OLE-DB for DM	提供数据挖掘应用程序的 API
数据传输标准	数据空间传输协议 DSTP(Data Space Transport Protocol)	提供发布、查询、检索远程和分布式的数据,构建数据网格的协议标准
模型评价标准	PMML,预测评分和更新协议(PSUP) Predictive Scoring and Update Protocol	提供在线实时的或者离线的模型评分和更新,评分是使用模型进行决策的过程

（续　表）

范　围	数据挖掘标准	内容描述
Web 标准	XMLA 协议（XMLA Analysis）	基于 SOAP 协议的 XML API,规定了客户端应用与服务端数据提供者如 OLAP 数据服务的互操作规范
	语义 Web	从机器可理解处理的角度提供了信息表示框架,能够用来数据挖掘系统中精确地抽取知识
	数据空间	围绕 DSTP、PSUP 和 XML 等,提供了建立数据网格的基于 Web 服务的基础
网格标准	OGSP 开放网格服务架构（Open Grid Service Architecture）	通过一组核心的接口、行为规范等,提供了用于分布式系统集成、虚拟化和资源管理的标准框架。为数据挖掘应用程序提供了安全、可靠、可扩展和高带宽的访问分布式数据资源的支持

1.8　习　　题

1. 解释数据、知识和信息三者的区别与联系。
2. 简述数据挖掘与数据库的区别与关系。
3. 简述数据挖掘技术的分类。
4. 分析数据挖掘在商务智能中的地位。
5. 简述数据挖掘行业标准 PMML、CWM 和 CRISP-DM,以及它们的发起组织。
6. 举出 1～2 个数据挖掘的商务应用例子。

第 2 章
数据仓库与 OLAP 分析

2.1 数据仓库

广义的数据仓库定义为:数据仓库是一个数据库,它和组织机构的操作数据库分开维护。数据仓库系统能将各种应用系统集合在一起,建立统一的平台来分析历史数据,并对信息处理提供支持。

W. H. Inmon 是在数据仓库系统构建方面有领头作用的建筑师,被誉为数据仓库之父。其观点是,"数据仓库是一个面向主题的、集成的、时变的、非易失的数据集合,支持管理决策制定"。这样一个简短的表述中总结了数据仓库的四个特征:面向主题的、集成的、时变的、非易失的。这样就把数据仓库和其他数据存储系统(如事务处理系统、关系数据库系统)区分开来。下面我们进一步对这4个特征进行阐述。

(1) 面向主题的:是指数据仓库中的数据是按照一定的主题域进行组织的。所谓主题,是指用户使用数据仓库进行决策时所关心的主要内容。例如,顾客、产品、供应商等。一般的操作型系统是围绕公司的应用进行组织的。以网络商城为例,应用问题很可能是家居用品,食品,服装等。而公司的主要主题范围可能是客户、订单、价格等。又如,与"商品"有关的数据有"商品类型、型号、产地、等级、品质等数据"、"进货方的数据"、"库存方面的数据"等,但是这些数据在面向应用的数据组织方式下被分散到各个不同的应用系统中,而采用面向"商品"主题的数据组织方式的话,那么上面所说的数据就被集中放置在一起,这样商品描述更加完整。数据仓库主要关注的是决策者的数据建模和分析,而不是进行录入操作和事务处理。所以,数据仓库排除对于决策无关的数据。

(2) 集成的:通常,构造数据仓库是将多个异种数据源集成才一起。数据仓库中的数据是在对原有分散的数据进行数据抽取、清洗的基础上经过系统加工、汇总和整理得到的,消除了数据源中的不一致性,以保证数据仓库内的信息是一致的全局信息。例如,关于"性别"的编码,在有些数据源中的编码是 M/F,但是在另一些数据源中的编码是 1/0,所以在数据统一集合到数据仓库的时候要把编码统一起来,不然会大大影响数据的分析。如果数据编码为 X/Y,那么当其进入数据仓库的时候就要对其进行变换,以方便接下来的数据操作。

(3) 时变的:数据仓库的数据往往是历年积累下来的(例如,过去 5~10 年),并不是仅仅关于企业当时或者某一时点的信息。所以数据仓库包含着时间元素。

(4) 非易失的:是指数据仓库中存放的通常是历史数据,修改和删除操作很少,通常只进行定期的加载、刷新。一旦某个数据进入数据仓库,一般情况下将被永久保留。与传统的面向联机处理的数据库相比,数据仓库通常面向数据分析处理。

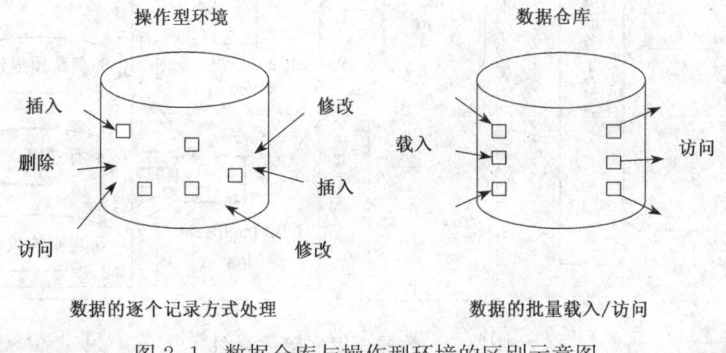

图 2-1 数据仓库与操作型环境的区别示意图

2.1.1 数据仓库与数据挖掘的关系

数据仓库不仅仅是充当决策支持系统数据模型的物理实现,存放企业战略决策所需信息,同时更多被看作一种体系结构,将异种数据源中的业务数据集成在一起而构造、支持决策的专门查询和分析报告以及决策的制定。例如,从 IBM 公司给出一种数据仓库系统结构图(见图 2-2)来看,它主要分四大部分:数据源、数据的提取和存储管理、OLAP 服务器和前端工具。

(1) 数据源:是数据仓库系统的基础,是整个系统的数据源泉。它通常包括企业内部信息和外部信息。内部信息包括存放于 RDBMS 中的各种业务处理数据和各类文档数据。外部信息包括各类法律法规、市场信息和竞争对手的信息等。

(2) 数据的提取与存储管理:是整个数据仓库系统的核心。数据仓库的真正关键是数据的提取与存储管理。数据仓库的组织管理方式决定了它有别于传统数据库,同时也决定了其对外部数据的表现形式。要决定采用什么产品和技术来建立数据仓库的核心,则需要从数据仓库的技术特点着手分析。针对现有各业务系统的数据,进行抽取、清理并有效集成,按照主题进行组织。数据仓库按照数据的覆盖范围可以分为企业级数据仓库和部门级数据仓库(通常称为数据集市)。

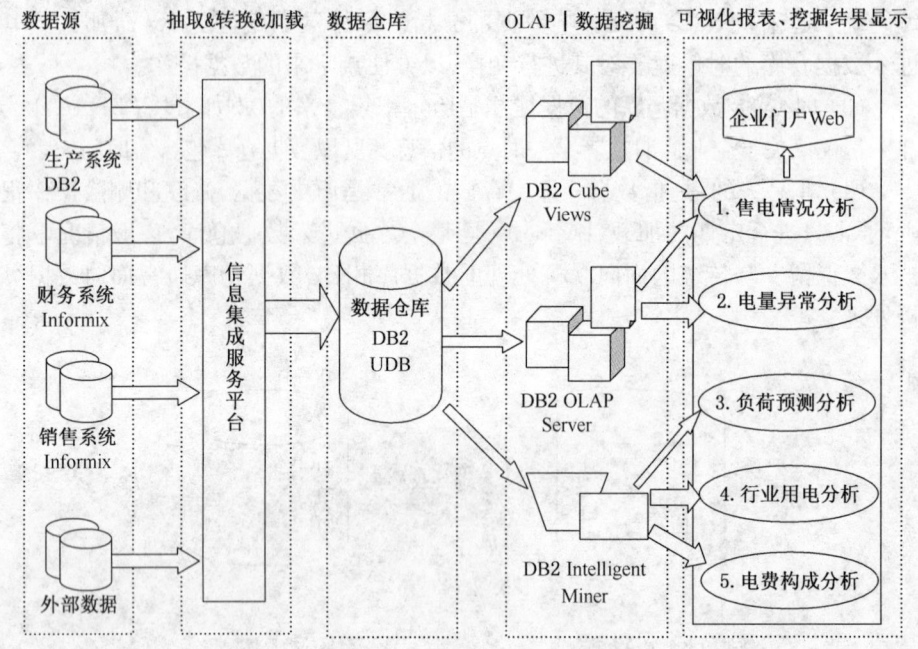

图 2-2　数据仓库框架示意图

（3）OLAP 服务器：对分析需要的数据进行有效集成，按多维模型予以组织，以便进行多角度、多层次的分析，并发现趋势。其具体实现可以分为：ROLAP、MOLAP 和 HOLAP。ROLAP 基本数据和聚合数据均存放在 RDBMS 之中；MOLAP 基本数据和聚合数据均存放于多维数据库中；HOLAP 基本数据存放于 RDBMS 之中，聚合数据存放于多维数据库中。

（4）前端工具：主要包括各种报表工具、查询工具、数据分析工具、数据挖掘工具以及各种基于数据仓库或数据集市的应用开发工具。其中数据分析工具主要针对 OLAP 服务器，报表工具、数据挖掘工具主要针对数据仓库。数据仓库也有其他的体系结构，例如在两层环境中，数据源和客户在同一台计算机上，而数据仓库和数据获取软件在另一台计算机上。在单层体系结构中，3 个功能都在同一台物理机器上，有时在数据量有限且用户的数量很小时会使用这种结构。

从数据挖掘的角度来说，数据挖掘对数据环境的要求很高。在数据挖掘的过程中，在对需解决的问题的明确理解之后，一个重要的工作是选择目标数据集，即对源数据进行预处理，以获得用于挖掘的高质量的数据，建立一个良好的数据环境。这项工作是数据挖掘过程中极为艰巨和耗时的一项，也是确保数据挖掘有效和正确实施的基础和关键。数据仓库技术能够很好地满足数据挖掘技术对数据环境的要求。数据仓库是用于更好支持企业和组织的决策者分析处理的、面向主题的、集成的、相对稳定的、随时间变化的数据集合。虽然,数据仓库并不是数据挖掘的必要条件,但数据仓库的特点使得数据挖掘变得更加有效。

从数据仓库的角度看,数据挖掘是联机分析处理 OLAP 的高级阶段和补充,它能够在 OLAP 的基础上提供更深入、详细、有效和潜在性的决策知识,为决策者提供更有力的支持。数据挖掘可以被看成是数据仓库的后期市场产品。

数据挖掘是从大量的数据中发现有意义的模式。因为大量的数据通常保存在数据仓库中,因此,有人将数据仓库和数据挖掘的关系比作一个大厨师做菜,开始需要选择各式原料,然后,将各种原料加工完毕,分门别类地放在厨房中,这时候厨房就像数据仓库。厨师根据这些原料做菜,就像数据挖掘得出有意义的知识一样。

对于异种数据库的集成,数据仓库使用更新驱动的方法,这种方法将来自多个异种数据源的信息预先集成,并存储在数据仓库中,以供直接查询和分析。和联机事务处理数据库不同的是,数据仓库不包括最近的信息。然而,数据仓库的好处在于它把数据预先拷贝、预处理、集成、注释、汇总,并重新组织到一个语义相一致的数据存储中来支持复杂的多维查询。

数据仓库的发展是促进数据挖掘发展的原因之一,数据仓库中的数据都是经过数据清洗、数据变换、数据集成、数据归约等数据预处理操作,数据的一致性和完整性较好。因此,数据仓库中的数据相比于其他数据源中的数据,数据质量更高。高质量的数据往往能使数据挖掘成功。因此,数据仓库有助于数据挖掘的成功实施。

然而,数据仓库并不是数据挖掘的先决条件,数据挖掘不一定需要建立在数据仓库的基础上,数据挖掘系统的大量数据并不一定来源于数据仓库。数据挖掘可直接从其他数据源中挖掘信息。但是如果将数据挖掘和数据仓库协同工作,则可以简化数据挖掘过程的某些步骤,从而能提高数据挖掘的效率。并且因为数据仓库的数据来源于整个企业,保证了数据挖掘中数据来源的广泛性和完整性。数据仓库和数据挖掘的主要目的都是为人类或机器的决策提供重要的保证。数据挖掘技术是数据仓库应用中比较重要也是相对独立的部分。

2.1.2 数据仓库的数据模型

1) 星形、雪花和事实星座:多维数据库模式

简明的、面向主题的数据仓库在数据服务组件中是最重要的,目前最流行的数据仓库数据模型是多维数据模型,这种模型可以以星形模式、雪花模式或事实星座模式形式存在。

(1) 星形模式:其中数据仓库包括:①一个大的、包含大批数据、不含冗余的

中心表(事实表)。②一组小的附属表(维表),每维一个。这种模式图很像星形爆发,维表围绕中心表显示在射线上。

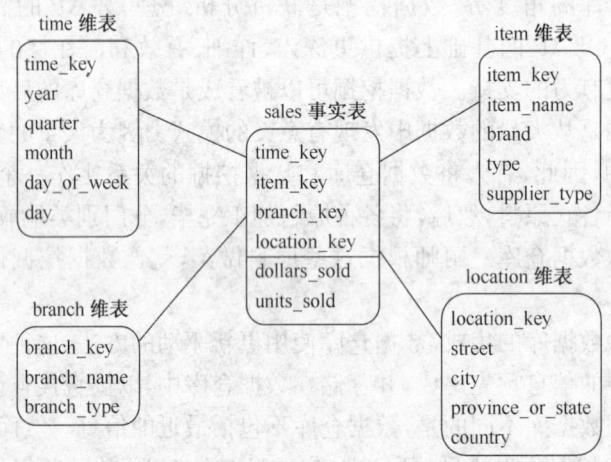

图 2-3　sales 数据仓库的星形模式示意图

　　例如,如图 2-3 所示,sale 有 4 个维,分别是 time,item,branch 和 location。该模式包含一个中心事实表 sales,它包含 4 个维的关键字和 2 个度量 dollars_sold 和 units_sold。为尽量减少事实表的尺寸,维标识符(如 time_key 和 item_key)是系统产生的标识符。

　　(2)雪花模式:雪花模式和星形模式的主要不同在于:雪花模式的维表可能是规范化形式,以便减少冗余。这种表易于维护,并节省存储空间。但是,由于执行查询需要更多的连接操作,雪花结构可能降低浏览的性能。

　　例如,sale 的雪花模式在图 2-4 给出。这里 sales 事实表和图 2-3 的星形模式相似。2 个模式的维表有所不同。星形模式中的 item 的单个维表在雪花模式中被规范化,导致新的 item 表和 supplier 表。例如,现在 item 维表包含属性item_key, item_name, brand, type 和 supplier_key,supplier_key 连接到supplier 维表。而 supplier 维表包含信息 supplier_key 和 supplier_type。类似地,星形模式中 location 的单个维表被规范化成两个表,新的 location 和 city。新的 location 表中的 location_key 现在连接到 city 维。注意,如果愿意的话,图2-4 雪花模式中 province_or_state 和 country 还可以进一步规范化。

　　(3)事实星座模式:复杂的应用可能需要多个事实表共享维表。这种模式可以看做星形模式集。例如,一个事实星座在图 2-5 中给出。该模式说明了 2个事实表,sales 和 shipping。sales 表的定义和星形模式(图 2-3)相同。shipping 表有 5 个维或关键字;item_key,time_key,shipper_key,from_location

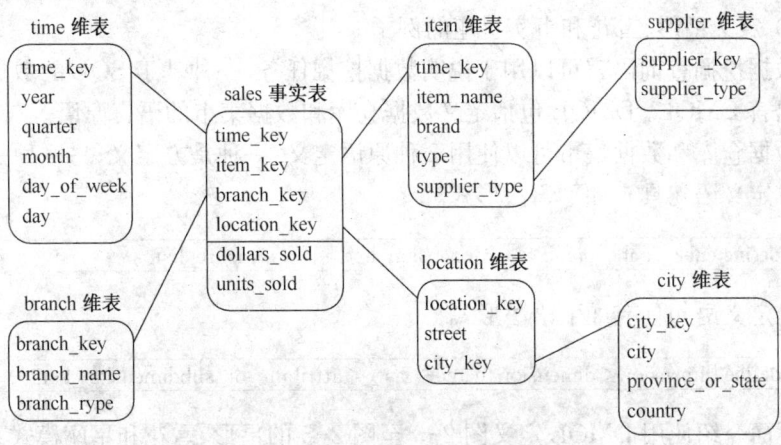

图 2-4 sales 数据仓库的雪花模式示意图

和 to_location；2 个度量：dollars_cost 和 units_shipped。事实星座模式允许事实共享维表。例如，sales 和 shipping 事实表共享维表 time，item 和 location。

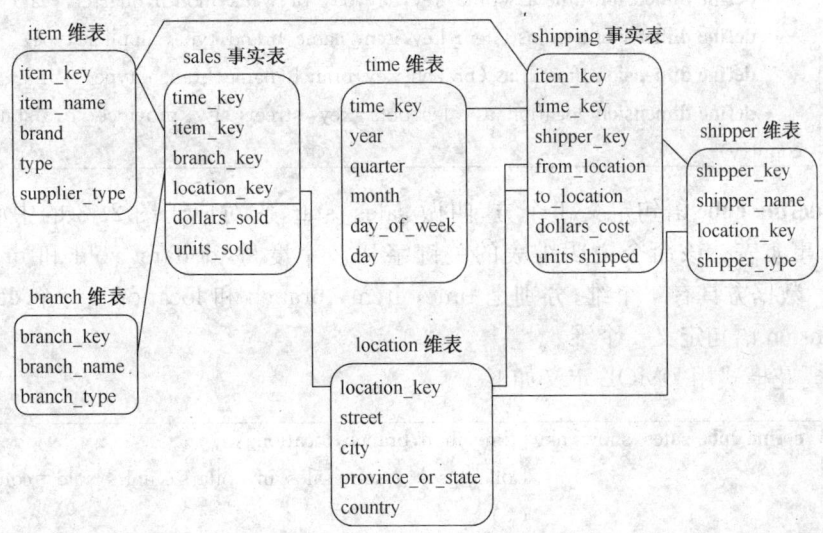

图 2-5 sales 和 shipping 数据仓库的事实星座模式示意图

在数据仓库中收集了关于整个组织的主题（如顾客、商品、销售、资产和人员）信息，因此是企业范围的。对于数据仓库，通常使用事实星座模式，因为它能对多个相关的主题建模。另外，数据集市是数据仓库的一个部门子集，它针对选定的主题，因此是部门范围的。对于数据集市，无论流行星形或雪花模式，它们都适合对单个主题建模。

2) 定义星形、雪花和事实星座的例子

数据挖掘查询语言可以用于说明数据挖掘任务，一种基于 SQL 的数据挖掘查询语言 DMQL。DMQL 包括定义数据仓库和数据集市的语言原语。

数据仓库和数据集市可以使用 2 种原语定义：一种是方定义；另一种是维定义。方定义语句具有如下语法形式。

> **define cube**<cube_name>[<dimension_list>]：<measure_list>

维定义语句具有如下语法形式。

> **define** dimension<dimension_name> as (<attribute_or_subdimension_list>)

下面介绍使用 DMQL 定义图 2-3 至图 2-5 的星形、雪花和星座模式。

星形模式用 DMQL 定义如下。

> **define cube** sales_star [time，item，branch，location]：
> 　　　　　　　　Dollars_sold＝sum(sales_in_dollars)，unite_sold＝count(＊)
> 　　**define dimension** time **as**（time_key，day，day_of_week，month，quarter，year）
> 　　**define dimension** item **as**（item_key，item_name，brand，type，supplier_type）
> 　　**define dimension** branch **as**（branch_key，branch_name，branch_type）
> 　　**define dimension** location **as**（location_key，street，city，province_or_state，country）

define cube 语句定义 1 个方，叫做 sales_star，它对应于图 2-3 的中心表 sales 事实表。该命令说明维表的关键字和 2 个度量，dollars_sold 和 units_sold。数据方具有 4 个维，分别是 time，item，branch 和 location。一个 **define dimension** 语句定义 1 个维。

雪花模式用 DMQL 定义如下。

> **define cube** sales_snowflake [time，item，branch，location]：
> 　　　　　　　　Dollars_sold＝sum(sales_in_dollars)，units_sold＝count
> 　　　　　　　　（＊）
> 　　**define dimension** time **as**（time_key，day，day_of_week，month，quarter，year）
> 　　define dimension item as（item_key，item_name，branch，type，supplier(supplier_key，supplier_type)）
> 　　**define dimension** branch **as**（branch_key，branch_name，branch_type）
> 　　**define dimension** location **as**（location_key，street，city(city_key，city，province_or_state，country)）

该类定义类似于 sales_star(见图 2-3)不同的是这里 item 和 location 维表

是规范化的。例如,在 sales_snowflake 数据方中,sales_star 数据方的 item 维被规范化成 2 个维表,item 和 supplier。注意:supplier 的维定义在 item 的定义中说明。用这个方式定义 supplier,隐式地在 item 的定义中创建了一个 supplier_key。类似地,在 sales_snowflake 数据方中,sales_star 数据方的 location 维被规范化成 2 个维表,location 和 city。city 的维定义在 location 的定义中说明。用这种方式,city_key 在 location 的定义中隐式地创建。

星座模式用 DMQL 定义如下。

```
define cube sale [time,item,branch,location]:
            Dollar_sold=sum(sale_in_dollars),units_sold=count(*)
    define dimension time as(time_key,day,day_of_week,month,quarter,year)
    define dimension item as (item_key,item_name,brand,type,supplier_type)
    define dimension branch as (branch_key,branch_name,branch_type)
    define dimension location as (location_key, street, city, province_or_state,
country)
    define cube shipping [time,item,shipper,from_location,to_location]
            Dollars_sold=sum(cost_in_dollars),units_shipped=count
            (*)
    define dimension time as time in cube sales
    define dimension item as item in cube sales
    define dimension shipper as (shipper_key,shipper_name,location as location in
cube sales,shipper_type)
    define dimension from_location as location in cube sales
    define dimension to_location as location in cube sales
```

define cube 语句用于定义数据方 sales 和 shipping,分别对应于图 2-5 模式的 2 个事实表。注意,数据方 sales 的 time,item 和 location 维可以与数据方 shipping 共享。例如,time 维,在定义数据方 shipping 语句之下,用"**define dimension** time as time **in cube** sales"说明。

2.1.3　元数据

元数据是关于数据的数据,它在许多领域有其具体的定义和应用。在数据仓库领域中,元数据被定义为:描述数据及其环境的数据。它有 2 方面的用途:一方面,元数据能提供基于用户的信息,例如记录数据项的业务描述信息的元数据能帮助用户使用数据;另一方面,元数据能支持系统对数据的管理和维护,如关于数据项存储方法的元数据能支持系统以最有效的方式访问数据。

在数据仓库系统中,元数据可以帮助数据仓库管理员和数据仓库的开发人员非常方便地找到他们所关心的数据;元数据是描述数据仓库内数据的结构和建立方法的数据,可将其按用途的不同分为两类:技术元数据(technical metadata)和业务元数据(business metadata)。

1) 技术元数据

技术元数据是存储关于数据仓库系统技术细节的数据,是用于开发和管理数据仓库使用的数据,它主要包括以下信息:

(1) 数据仓库结构的描述,包括仓库模式、视图、维、层次结构和导出数据的定义,以及数据集市的位置和内容。

(2) 业务系统、数据仓库和数据集市的体系结构和模式。

(3) 汇总用的算法,包括度量和维定义算法,数据粒度、主题领域、聚集、汇总、预定义的查询与报告;由操作环境到数据仓库环境的映射,包括源数据和它们的内容、数据分割、数据提取、清理、转换规则和数据刷新规则、安全(用户授权和存取控制)。

2) 业务元数据

业务元数据从业务角度描述了数据仓库中的数据,它提供了介于使用者和实际系统之间的语义层,使得不懂计算机技术的业务人员也能够“读懂”数据仓库中的数据。业务元数据主要包括以下信息:使用者的业务术语所表达的数据模型、对象名和属性名;访问数据的原则和数据的来源;系统所提供的分析方法以及公式和报表的信息。具体包括以下信息:

(1) 企业概念模型:这是业务元数据所应提供的重要的信息,它表示企业数据模型的高层信息、整个企业的业务概念和相互关系。以这个企业模型为基础,不懂数据库技术和 SQL 语句的业务人员对数据仓库中的数据也能做到心中有数。

(2) 多维数据模型:这是企业概念模型的重要组成部分,它告诉业务分析人员在数据集市当中有哪些维、维的类别、数据立方体以及数据集市中的聚合规则。这里的数据立方体表示某主题领域业务事实表和维表的多维组织形式。

(3) 业务概念模型和物理数据之间的依赖:以上提到的业务元数据只是表示出了数据的业务视图,这些业务视图与实际的数据仓库或数据库、多维数据库中的表、字段、维层次等之间的对应关系也应该在元数据知识库中有所体现。

3) 元数据的作用

与其说数据仓库是软件开发项目,还不如说是系统集成项目,因为它的主要工作是把所需的数据仓库工具集成在一起,完成数据的抽取、转换和加载,OLAP 分析和数据挖掘等。如图 2-6 所示,它的典型结构由操作环境层、数据仓库层和业务层等组成。

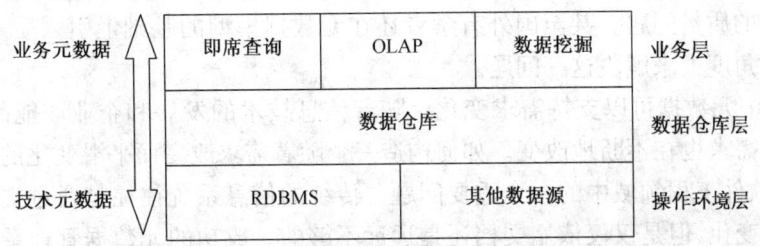

图 2-6　数据仓库体系结构示意图

　　其中,第一层(操作环境层)是指整个企业内有关业务的关系型数据库管理系统 RDBMS 和一些外部数据源;第二层是通过把第一层的相关数据抽取到一个中心区而组成的数据仓库层;第三层是为了完成对业务数据的分析而由各种工具组成的业务层。图 2-6 中左边的部分是元数据管理,它起到了承上启下的作用,具体体现在以下几个方面:

　　(1) 元数据是进行数据集成所必需的。数据仓库最大的特点就是它的集成性。这一特点不仅体现在它所包含的数据上,还体现在实施数据仓库项目的过程当中。一方面,从各个数据源中抽取的数据要按照一定的模式存入数据仓库中,这些数据源与数据仓库中数据的对应关系及转换规则都要存储在元数据知识库中;另一方面,在数据仓库项目实施过程中,直接建立数据仓库往往费时、费力,因此在实践当中,人们可能会按照统一的数据模型,首先建设数据集市,然后在各个数据集市的基础上再建设数据仓库。不过,当数据集市数量增多时很容易形成"蜘蛛网"现象,而元数据管理是解决"蜘蛛网"的关键。如果在建立数据集市的过程中,注意了元数据管理,在集成到数据仓库中时就会比较顺利;相反,如果在建设数据集市的过程中忽视了元数据管理,那么最后的集成过程就会很困难,甚至不可能实现。

　　(2) 元数据定义的语义层可以帮助最终用户理解数据仓库中的数据。最终用户不可能像数据仓库系统管理员或开发人员那样熟悉数据库技术,因此迫切需要有一个"翻译",能够使他们清晰地理解数据仓库中数据的含意。元数据可以实现业务模型与数据模型之间的映射,因而可以把数据以用户需要的方式"翻译"出来,从而帮助最终用户理解和使用数据。

　　(3) 元数据是保证数据质量的关键。数据仓库或数据集市建立好以后,使用者在使用的时候,常常会产生对数据的怀疑。这些怀疑往往是由于底层的数据对于用户来说是不"透明"的,使用者很自然地对结果产生怀疑。而借助元数据管理系统,最终的使用者对各个数据的来龙去脉以及数据抽取和转换的规则都会很方便地得到,这样他们自然会对数据具有信心;当然也可便捷地发现数据所存在的质量问题。甚至国外有学者还在元数据模型的基础上引入质量维,从更高的角度上来解决这一问题。

(4) 元数据可以支持需求变化。随着信息技术的发展和企业职能的变化,企业的需求也在不断地改变。如何构造一个随着需求改变而平滑变化的软件系统,是软件工程领域中的一个重要问题。传统的信息系统往往是通过文档来适应需求变化,但是仅仅依靠文档还是远远不够的。成功的元数据管理系统可以把整个业务的工作流、数据流和信息流有效地管理起来,使得系统不依赖特定的开发人员,从而提高系统的可扩展性。

就元数据而言,同样一个术语在不同领域具有不同的理解。

例如,在面向对象的软件设计领域,元数据被定义为:在程序中不是被加工的对象,而是通过其值的改变来改变程序的行为的数据。它在运行过程中起着以解释方式控制程序行为的作用,在程序的不同位置配置不同值的元数据,就可以得到与原来等价的程序行为。

在其他领域如情报学领域,元数据被定义为:提供关于信息资源或数据的一种结构化的数据,是对信息资源的结构化的描述。它描述信息资源或数据本身的特征和属性,规定数字化信息的组织,具有定位、发现、证明、评估和选择等功能。如都柏林核心元数据(Dublin Core Metadata)提供了信息资源元数据的国际标准[1]。

2.2 ETL 过 程

随着社会的发展,各个行业使用数据库,大量的数据产生并存储,产生极大信息,造成企业对于大量的数据信息而无从去抓取,从而引发商务智能的产生,进而数据仓库的建设得到更进一步的重视。商务智能存在于企业的日常经营活动中,简单来讲,就是进行数据的整理,进行报表的分析,并且通过这些分析作出未来的工作计划。确切地讲,商务智能并不是一项新技术。从技术上讲,商务智能是将数据仓库建设、联机分析处理(OLAP)、数据挖掘技术等结合起来并且应用到商业活动中去,实现技术为决策服务的目的。

商务智能运作用到数据仓库可对信息进行提取与分析,数据仓库的数据是从许多异构的数据源整合中得到,如业务系统数据库、SAP 等。这些业务系统都是企业前期花费极大物力财力建设起来的,不能随便进行更改。在进行数据

---

① DCMI. Dublin Core Metadata Element Set, Version 1.1(EB/OL). (2012-06-14) [2012-08-27]. http://dublincore. org/documents/dces.

仓库的建设时,我们就面临着这么一个问题,如何将这些异构的数据整合到一起。异构数据的存在导致了数据仓库建设的困难,也必然导致商务智能 BI 工程实施的困难。因此,企业迫切地希望可以有一个解决方案来解决数据异构的问题,于是出现了 ETL(数据抽取、转换、加载)的概念。

对于大型企业来说,企业经济活动产生的数据分布在各个业务系统中,ETL技术将各个业务系统上的数据通过业务系统的接口抽取,并且在 ETL 工具中完成转化,使其形成统一的格式,最后加载到数据仓库。各个子公司的业务规则可能存在一定差距,因此抽取出来的数据源必然异构,因此保证这个异构的数据源经过转换后依然有高效的数据质量是 ETL 技术的关键点。通过上述描述,ETL对于 BI 的实施有着至关重要的作用。

ETL 工具的作用是从业务数据库抽取数据,并在工具中转换,最后加载到数据仓库中去。从各个业务系统中抽取数据,这就涉及对异构数据质量的管理。ETL 工具对数据进行抽取之后,必然要对异构数据进行转换,涉及数据编码、格式、长度等转换,转换要在不改变数据质量的条件下,将数据转化为同一种格式,最后加载到数据仓库中去。

2.2.1　数据抽取

数据抽取即 ETL 中的 E(extraction)。抽取主要是针对分布式的事务数据库,在比较清楚的理解数据含义后,规划所需要的数据源,制定可操作的数据源读取规则及增量抽取的原则,并进行向指定目的地的导出工作。源数据一般以分布式的方式进行存储,而且类型多样化,可能是一个关系型数据库,可能是一个文本文件,Excel 文件或 DBF 文件,也可能是其他类型文件,我们可以采取应用 ODBC、JDBC 或 FTP 等标准进行数据文件的连接。常用的数据抽取采取以下几种方法:

(1) 数据仓库的数据库系统与源数据库系统的类型一致。一般来说,这种情况下设计比较容易,DBMS 都会提供数据库链接功能,在数据仓库一侧的数据库服务器和原业务系统之间建立直接的链接关系就可以通过写查询语句直接访问。

(2) 数据仓库的数据库系统与源数据库系统的类型不一致。这种情况下也可以通过 ODBC 的方式建立数据库连接,如果不能建立数据库连接,那么可以有两种方式完成:一种是将源数据通过工具导出成 *.txt 或者是 *.xls 文件,然后再将这些源系统文件导入到目标中。另一种方法则通过自己动手编写程序接口的方式来完成。

(3) 文件类型源数据。例如 *.txt,*.xls 文件,可以培训业务人员利用数据库工具将这些导入指定的数据库,然后从指定的数据库抽取,或者可以借助提供的工具实现。

（4）数据量大的系统。这种情况下，必须考虑增量抽取，我们可以用业务系统记录业务发生的时间作为增量的标志，每次抽取之前首先判断记录最大的时间，然后根据这个时间在业务系统中抽取大于这个时间所有的记录。

2.2.2　数据转换

数据转换即 ETL 中的 T(transformation)，是过程中最复杂的部分。其原因是数据转换需要对各种不同的数据作出统一的标准，即标准化即将入库的数据，因此，涉及的方法和技巧都比较多。它主要是针对数据仓库建立的模型，通过一系列的转换来实现将数据从业务模型到分析模型，依据内建的库函数，自定义脚本或其他的扩展方式，实现了各种复杂的转换，并且支持调试环境，清楚地监控数据转换的状态。

数据转换是真正将源数据变为目标数据的关键环节，它包括数据格式转换、数据类型转换、数据汇总计算、数据拼接等。实际应用中常见的转换规则包括以下几个类型：

（1）直接映射。这种类型是最简单的类型，不需要转换。那么唯一需要注意的地方在于两侧数据精度的问题要统一起来。

（2）字段运算。这种类型是对某些数值型字段进行求和、求积等的运算。处理方法也比较简单。

（3）参照转换。这种类型类似于事物数据库中通过主键进行关联查询。我们通过这个"参照"以找到需要的字段里面的数据，并且这个数据往往是唯一的。

（4）字符串处理。这种类型的数据有可能并非简单的字符串，比如说身份证号往往在数据库中存储为字符串类型，因此对不同的字符串应采取不同的转换策略。

（5）空值判断。有时候空值在数据库中会出现意想不到的问题，因此对于可能有 NULL 值的字段，不要采用"直接映射"的规则类型，必须对空值进行判断，或者将它转换成特定的值。

（6）日期转换。这种类型不存在原则性问题，异构数据源的日期数据格式可能不相同，在这里需要对不同的日期格式进行统一。

（7）日期运算。后期进行统计分析时往往需要对 1 周、1 个月、1 年甚至几年的数据进行分析，那么需要比较完整的日期运算函数。

（8）既定取值。数据仓库中有些特定的字段是一些固定的取值，因此这个转换规则需要工作人员手工确定下来，在数据转换的时候正确地输入。

2.2.3　数据加载

作为 ETL 中的 L(loading)，数据加载主要任务是将上述步骤处理过的高质量数据载入数据仓库中，即数据入库。我们可以通过数据文件直接装载的方式或直接连接数据库的方式来进行数据装载。

数据加载是 ETL 过程的最后一环，通过转换的数据落地到数据库或者数据仓库中。数据加载时可采用 update 方式或者 insert 方式。数据仓库的数据模型请读者参考本章 2.1.2 节。

DataStage 是由 IBM 公司开发的一套专门对多种操作数据源的 ETL 操作，并将其输入数据集市或数据仓库目标数据库的集成工具。在涉及大量数据业务的银行、证券等金融行业，对 ETL、数据迁移有着迫切的需求，Data Stage 集成工具有着重要的应用价值。

2.3　联机分析处理 OLAP

2.3.1　OLAP 概念

自 20 世纪 60 年代关系数据库之父 E. F. Codd 提出了关系模型以来，数据库技术特别是 OLTP(在线事务处理)发展得比较成熟，它的根本任务就是及时地、安全地将当前事务所产生的记录保存下来。随着时间的推移，历史数据不断堆积，总量不断变大，人们已经不满足于仅仅处理当前数据，怎样将日益堆积的数据进行有效的管理，挖掘其中埋藏的信息宝库成了新的问题。同时，在激烈的市场竞争中，商业企业需要迅速地获取重要的业务指标、销售和利润趋势、市场和产品的获利率、财务状况、客户分布以及外部竞争数据等诸多关键信息。OLTP 已不能满足终端用户对数据库查询分析的需要，SQL 对大型数据库进行的简单查询也不能满足终端用户分析的要求。用户的决策分析需要对关系数据库进行大量计算才能得到结果，而查询的结果并不能满足决策者提出的需求。因此，E. F. Codd 于 1993 年提出了多维数据库和多维分析的概念，即联机分析处理——OLAP(on-line analytical processing)。

OLAP 是以数据库或数据仓库为基础的，其最终数据来源与 OLTP 一样均来自底层数据库系统，但由于两者面向的用户不同，即 OLTP 面对的是操作人员和低层管理人员，OLAP 面对的是决策人员和高层管理人员，因而数据的特点与处理也明显不同。关系数据库擅长迅速地检索少量记录，应用于决策支持系统时，反应速度较慢且浪费系统资源。用关系数据库解决的问题本质上是多维数据问题。例如,如果要利用 SQL 查询来按地区求出产品的总销量,或按品名求出产品在各地区的销量总和,这就需要涉及对销量数据库中大部分数据记录的检索和处理,需要花数小时才能完成。而一个 OLAP 数据库服务器能够在几秒钟内完成这种查询。表 2-1 是两者的区别。

表 2-1

OLTP 与 OLAP 对比

特　征	OLTP	OLAP
数据原始性	原始数据	导出数据
数据综合性	细节性数据	综合性的提炼性数据
数据历史性	当前值数据	历史数据
更新周期	可更新	不可更新,但周期性刷新
存取	读写	大多为读
关注	数据输入	数据输出
规模	一次处理的数据量小 MB-GB 级	一次处理的数据量大 GB-TB 级
度量	事务吞吐量	查询吞吐量
面向操作	面向应用,事务驱动	面向分析,分析驱动
面向人员	面向操作人员,支持日常操作	面向决策人员,支持管理需要

OLAP 使业务决策者进入一个新的分析水平。通过快速、一致、交互地访问各种可能的信息视图,帮助数据分析人员、管理人员、决策人员洞察数据的奥秘,掌握隐于其中的规律。OLAP 力图处理数据仓库中浩如烟海的数据,并将之转化为有用的信息,从而实现对数据的归纳、分析和处理,帮助企业完成决策。OLAP 支持最终用户进行动态多维分析,其中包括跨维、在不同层次之间跨成员地计算和建模;在时间序列上的趋势分析、预测分析;切片和切块,并在屏幕上显示,从宏观到微观,对数据进行深入分析;可查询到底层的细节数据;在观察区域中旋转,进行不同维间的比较。

定义 2.1　维。维是人们观察问题的特定角度,如时间维、地理维、产品维。

定义 2.2　维粒度。人们在观察数据的某个特定角度(即某个维)还可以存在细节程度不同的多个描述方面,我们称这多个描述方面为维的层次。例如,时间维上有日期、月份、季度、年等不同层次。OLAP 维粒度如图 2-7 所示。

这就类似于在 Google 地图中,可以看中国的总体地图,也可双击鼠标,不断细化,直到看到城市的街道。

定义 2.3 数据立方体。它是指用三维描述一个对象,每个维彼此垂直。数据的测量值发生在维的交叉点上,数据空间的各个部分都有相同的维属性。使用三维及三维以上的维数描述的数据对象称为超立方体解构。

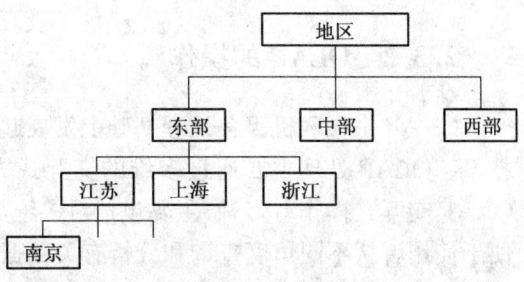

图 2-7 OLAP 维粒度示意图

【例 2.1】 某家电销售公司有 4 种产品(冰箱、彩电、空调及洗衣机),它们在 3 个地区销售(东部、西部和中部)。图 2-8 左表是这些数据组成的关系表。该表可转换成右表关系矩阵。显然,在右表中销售数据的关系更自然些。

产品名称	地区	销售额(万元)
冰箱	东部	50
冰箱	中部	60
冰箱	西部	140
彩电	东部	40
彩电	中部	80
彩电	西部	70
空调	东部	20
空调	中部	30
空调	西部	10
洗衣机	东部	90
洗衣机	中部	140
洗衣机	西部	120

关系数据表

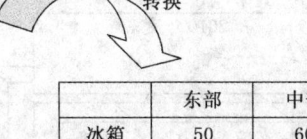
转换

	东部	中部	西部
冰箱	50	60	140
彩电	40	80	70
空调	20	30	10
洗衣机	90	140	120

关系矩阵

图 2-8 OLAP 二维数据矩阵示意图

2008 年度
2009 年度
2010 年度

	东部	中部	西部
冰箱	50	60	140
彩电	40	80	70
空调	20	30	10
洗衣机	90	140	120

图 2-9 OLAP 数据立方体示意图

图 2-8 中关系矩阵是该公司 2010 年的销量情况。进一步地,在上述销售数据矩阵上加上时间维,可以得到如图 2-9 所示的数据立方体。它反映了该销售公司某 3 年的家电销售情况。

2.3.2　OLAP 的操作

OLAP 是在联机事务处理基础上发展起来的一种共享多维信息的快速分析技术。OLAP 处理主要通过多维的交互式方式对数据进行分析、查询和披露。OLAP 交互式操作有多种,主要包括对多维数据的切片和切块、钻取、旋转等,它便于使用者从不同角度查询和分析有关数据。

1)切片和切块

切片(slice)查看子立方体以获得更多的特定信息,这通过在单个维上执行选择运算来实现。

在多维数据结构中,按二维进行切片,按三维进行切块,可得到所需要的数据。如在"城市、产品、时间"三维立方体中进行切块和切片,可得到各城市、各产品的销售情况。

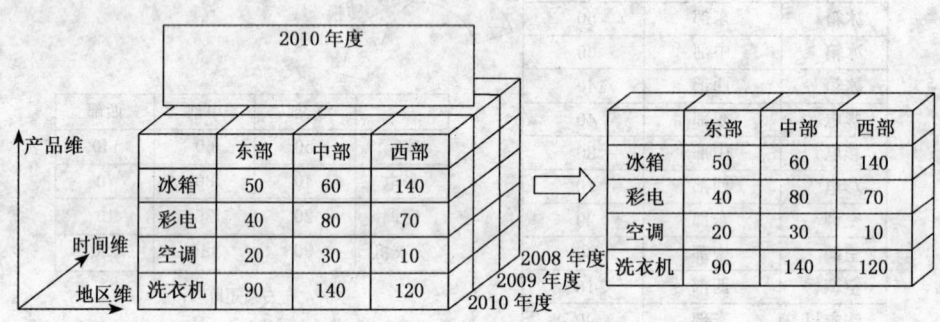

图 2-10　OLAP 切片示意图

切块(dice)通过在两个或者更多的维上执行选择运算来查看子立方体。这可以通过在一维上进行切片,然后旋转立方体并在第二个维上执行选择运算来实现。

2)钻取

钻取(drill)包含向下钻取(drill-down)和向上钻取(drill-up)/上卷(roll-up)操作,钻取的深度与维所划分的粒度相对应。图 2-11 是 OLAP 钻取的实例。

3)旋转

通过旋转(rotate)可以得到不同视角的数据,如图 2-12 所示的 OLAP 旋转。

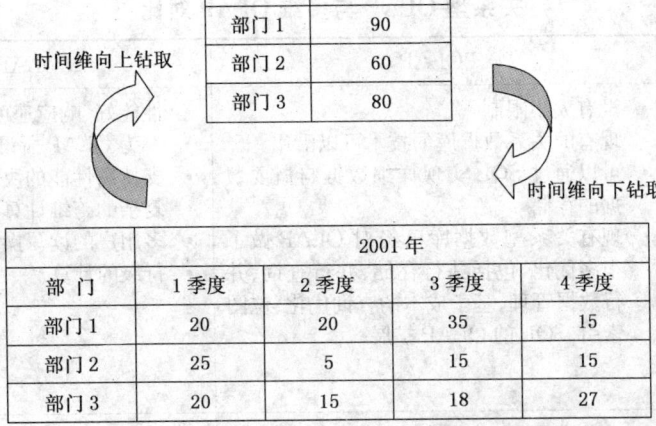

部 门	2001 年
部门 1	90
部门 2	60
部门 3	80

时间维向上钻取

时间维向下钻取

部 门	2001 年			
	1 季度	2 季度	3 季度	4 季度
部门 1	20	20	35	15
部门 2	25	5	15	15
部门 3	20	15	18	27

图 2-11 OLAP 钻取示意图

部 门	2001 年				2002 年			
	1 季度	2 季度	3 季度	4 季度	1 季度	2 季度	3 季度	4 季度
部门 1	20	20	35	15	12	20	25	14
部门 2	25	5	15	15	20	18	23	15
部门 3	20	15	18	27	18	20	17	25

旋转   旋转   旋转

部 门	1 季度		2 季度		3 季度		4 季度	
	2001 年	2002 年	2001 年	2002 年	2001 年	2002 年	2001 年	2002 年
部门 1	20	12	20	20	35	25	15	14
部门 2	25	20	5	18	15	23	15	12
部门 3	20	18	20	18	18	17	27	25

图 2-12 OLAP 旋转示意图

2.3.3 OLAP 多维数据分析

根据 OLAP 服务器端不同的数据组织及存储方式,OLAP 工具可以分为关系型 OLAP(relational OLAP),多维 OLAP(multidimensional OLAP)和混合型 OLAP(HOLAP)。表 2-2 列出了关系型 OLAP 与多维 OLAP 的对比。

表 2-2

关系型 OLAP 与多维 OLAP 对比

	POLAP	MOLAP
优点	• 没有大小限制 • 现有的关系数据库的技术可以沿用 • 可以通过 SQL 实现详细数据与概要数据的存储 • 现有关系型数据库已经对 OLAP 做了很多优化,包括并行存储、并行查询、并行数据管理、基于成本的查询优化、位图索引、SQL 的 OLAP 扩展	• 性能好、响应速度快 • 专为 OLAP 所设计 • 支持高性能的决策支持计算 • 复杂的跨维计算 • 多用户的读写操作 • 行级的计算
缺点	• 一般比 MDD 响应速度慢 • 不支持有关预计算的读写操作 • SQL 无法完成部分计算 • 无法完成多行的计算 • 无法完成维之间的计算	• 增加系统复杂度,增加系统培训与维护费用 • 受操作系统平台中文件大小的限制,难以达到 TB 级(只能 10～20 G) • 需要进行预计算,可能导致数据爆炸 • 无法支持维的动态变化 • 缺乏数据模型和数据访问的标准

　　OLAP 是验证型分析,用户首先建立一个假设,然后用 OLAP 来验证这个假设是否正确。如大型超市希望发现什么措施可以提高营业额,则可以假设促销活动有助于销售,然后通过 OLAP 验证该假设。也就是说,通过 OLAP 证实或推翻假设来得到最终的分析结果。

　　OLAP 与数据挖掘是两个不同的过程。OLAP 分析在本质上是一个演绎推理的过程。而数据挖掘是一种挖掘性的分析过程,它主要是利用各种分析方法主动地去挖掘大量数据中蕴含的规律。数据挖掘在本质上是一个归纳的过程。数据挖掘不是用于验证某个假设的模式的正确性,而是基于历史数据主动发现有用的模式。

　　数据挖掘和 OLAP 这两种分析工具本身是相辅相成的,数据挖掘和 OLAP 具有一定的互补性。因为 OLAP 可以帮助人们提出假设,也可以验证数据挖掘预测出的结果;数据挖掘能够挖掘出一个结论,但这个结论正确与否,可以用 OLAP 去验证。

2.4　习　　题

1. 数据仓库特征有哪些？
2. 元数据与数据的区别是什么？
3. OLAP 的主要操作包括哪些？
4. 分析 OLAP 与 OLTP 的区别。
5. 解释 ETL 的 3 个方面过程。

第 3 章

关 联 分 析

3.1 关 联 概 述

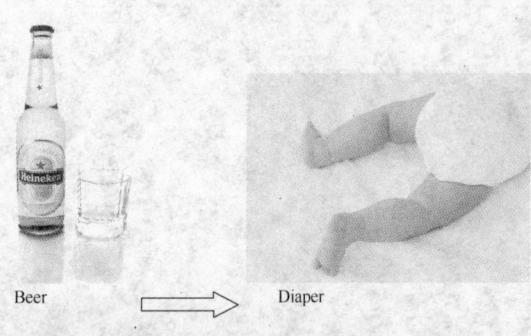

Beer ⟹ Diaper

图 3-1　啤酒和尿布的关联关系示意图

关联分析是数据挖掘技术的核心课题。尽管分类分析和聚类分析归宿于数据挖掘技术，但数据挖掘这一概念的提出是源于 20 世纪 90 年代关联规则及其挖掘算法的提出。经典的啤酒与尿布之间的关联关系使得学者对超市购物篮数据产生浓厚的兴趣。美国沃尔玛连锁超市发现，一些年轻的父亲经常下班后去超市买尿布，其中 30%～40% 的人同时也为自己买了啤酒。超市把尿布和啤酒摆放在一起，加大了两者的销售额。如图 3-1 所示。

关联规则研究有助于发现交易数据库中不同商品(项)之间的联系，找出顾客购买行为模式，如购买了某一商品对购买其他商品的影响。分析结果可以应用于商品货架布局、货存安排以及根据购买模式对用户进行分类。

表 3-1 是从采集的真实购买记录数据预处理后得到的一张购物篮样本数据。我们称每个交易为一个事务(transaction)，各个事务有唯一的交易 ID 号，称为 TID，如表 3-1 中编号所示。每个商品称为一个数据项(item)，每个交易的购物篮是一些商品的集合，称为项集(itemset)。

表 3-1

购物篮样本数据

编　　号	购　物　篮	编　　号	购　物　篮
1	啤酒,尿布,蛋糕	2	啤酒,面包,牛奶

（续表）

编　　号	购 物 篮	编　　号	购 物 篮
3	面包,牛奶	5	啤酒,火腿
4	啤酒,尿布	6	面包,火腿,可乐
		···	···

3.2　关联规则的定义

关联规则可形式化定义如下。

定义 3.1　给定集合 $I = \{i_1, i_2, \ldots, i_m\}$ 是项源,事务数据库 $D = \{T_1, T_2, \ldots, T_n\}$。每个事务 $T_i(1 \leqslant i \leqslant n)$ 是一些项的集合,$T_i \subseteq I$。关联规则是如下形式的逻辑蕴涵式:$X \Rightarrow Y$。其中 X, Y 是两个项集,$X \subseteq I$ 并且 $Y \subseteq I$,并且 $X \cap Y = \varnothing$。

定义 3.2　支持度计数。项集的一个重要性质是它的支持度计数,即包含特定项集的事务个数。数学上,项集 X 的支持度计数 $\sigma(X) = |\{T_i \mid X \subseteq T_i, T_i \in D\}|$,其中 $| * |$ 表示集合基数。

关联规则具有如下两个重要的属性,支持度和置信度。它们的定义如下:

定义 3.3　支持度 s。关联规则 $X \Rightarrow Y$ 的支持度是 X, Y 这两个项集在事务数据库 D 中同时出现的概率。

$$s(X \Rightarrow Y) = \frac{\sigma(X \cup Y)}{|D|}$$

定义 3.4　置信度 c。关联规则 $X \Rightarrow Y$ 的置信度是事务数据库 D 中出现项集 X 的事务时,项集 Y 也同时出现的概率。它是一个条件概率。

$$c(X \Rightarrow Y) = \frac{\sigma(X \cup Y)}{\sigma(X)}$$

支持度确定规则可以用于给定数据集的频繁程度,而置信度确定 Y 在包含 X 的事务中出现的频繁程度。

同时满足最小支持度阈值和最小置信度阈值的规则称为强规则。给定一个事务集 D,挖掘关联规则问题就是产生支持度和可信度分别大于用户给定的最小支持度和最小可信度的关联规则,也就是产生强规则的问题。

【注意】

部分读者对事务数据库难以理解,因为它看起来不像数据库的形式。事实上,事务数据库如购物篮事务数据(表 3-1)可以转换成二元信息表,如表 3-2 所示,并且在此基础上进行关联分析。

表 3-2

事务数据库二元信息表

TID	啤酒	可乐	牛奶	面包	蛋糕	火腿	尿布
1	1	0	0	0	1	0	1
2	1	0	1	1	0	0	0
3	0	0	1	0	0	0	0
4	1	0	0	0	0	0	1
5	0	1	0	0	0	1	0

更准确地说,事务数据库中的项,"啤酒","可乐"都是属性,并且是二值型的属性,要么为 0,要么为 1。其中 0 表示没有购买,1 表示有购买。

3.3　关联分析的过程

关联分析的过程就是分析事务数据库,获取强关联规则的过程。关联规则分为两步:第一步是挖掘所有满足最小支持度阈值的频繁项集;第二步是产生所有满足最小置信度阈值的关联规则。其中,第一步是关联分析的关键步骤,耗时占据整个过程的大部分。图 3-2 演示了从事务数据库得到关联规则的两步过程。Agrawal 等人在 1993 年给出了关联规则的基本挖掘算法,即 Apriori 算法,

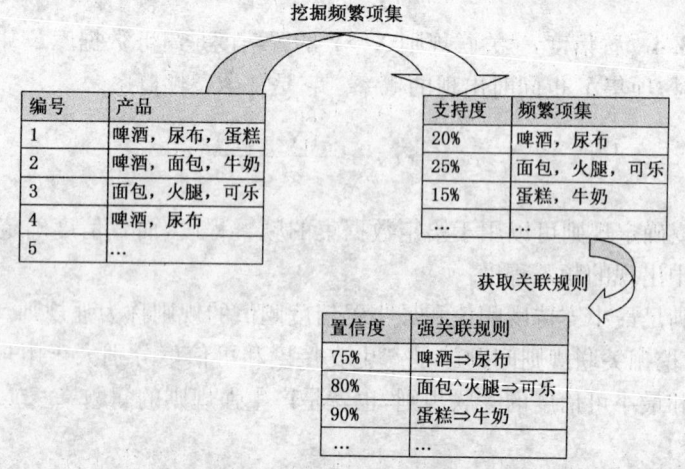

图 3-2　关联分析的过程示意图

为关联规则挖掘研究的持续发展作了开创性贡献。

3.4 关联分析的基本算法

Apriori 算法是发现关联规则领域的经典算法。该算法将发现关联规则的过程分为两个步骤:第一步通过迭代,检索出事务数据库中的所有频繁项集,即支持度不低于用户设定的阈值的项集;第二步利用频繁项集构造出满足用户最小信任度的规则。具体做法就是:首先找出频繁 1-项集,记为 L_1;然后利用 L_1 来产生候选项集 C_2,对 C_2 中的项进行判定挖掘出 L_2,即频繁 2-项集;不断如此循环下去直到无法发现更多的频繁 k-项集为止。每挖掘一层 L_k,就需要扫描整个数据库一遍。

在通过频繁 k-项集产生候选(k+1)-项集过程中,用到 Apriori 性质。该性质描述如下:

频繁项集的所有非空子集必须是频繁的。其等价命题是:若一个项集不是频繁的,那么该项集的任何超集更不可能是频繁的。应用 Apriori 性质可以在很大程度上压缩搜索空间。

基于 Apriori 性质的频繁项集生成算法给出如下。

Apriori 算法:Apriori 采用逐层迭代,找出频繁项目集。

    输入:事务数据库 D;最小支持度阈值 min-support;

    输出:事务数据库 D 中的频繁项目集 L。

1) L_1 = {frequent 1-itemsets} // 生成长度为 1 的频繁项目集

2) for (k = 2; $L_{k-1} \neq \varnothing$; k++) do begin

3) C_k = Apriori_gen(L_{k-1}); // 产生新的候选者

4)   forall transactions t ∈D do begin

5) C_t = Subset(C_k, t); // candidates contained in t

6)   forall candidates c ∈C_t do

7)   c. count++;

8)   end

9) L_k = { c ∈C_k| c. count >= minsupport}

10)   end

11) Answer = $\bigcup_k L_k$;

候选集生成算法 Apriori-gen 是以频繁(k−1)-项集生成候选 k-项集的。该算法分为如下两步:

Apriori-gen 函数：

Procedure **Apriori_gen**(L_{k-1}: frequent $(k-1)$-itemset; min-sup: min-support threshold)

1) for　each itemset　$l_1 \in L_{k-1}$

2)　for　each itemset　$l_2 \in L_{k-1}$

3) if $(l_1[1]=l_2[1]) \wedge (l_1[2]=l_2[2])\cdots(l_1[k-2]=l_2[k-2]) \wedge (l_1[k-1] < l_2[k-1])$

　　then ｛　$c= l_1 \bowtie l_2$；// 连接步，产生候选频繁项目集

4)　　　if　has_infrequent_subset(c, L_{k-1})　then

5)　　　　delete　c；// 剪接步，删除小于最小支持度的候选项目集

6)　　　else　add　c to C_k　｝

7) return C_k；

Procedure **has_infrequent**_sunset(c: candididateset k_itemset; L_{k-1}: frequent$(k-1)$- itemset)；

　// 使用先验知识

1) for　each $(k-1)$-subset s of c

2) if　$s \notin L_{k-1}$　then

3)　　return　TRUE；

4) else　return　FASLE；

综上所述，Apriori_gen：需进行连接和剪枝，在连接部分，l_1 与 l_2 连接产生可能的候选项目即（第 1~3 步），剪枝部分（第 5~7 步）使用 Apriori 性质删除具有非频繁子集的候选项目集，has_infrequent_sunset 过程是非频繁子集的测试过程。由频繁$(k-1)$-项集通过连接步生成候选 k-项集的连接规则是：两个频繁$(k-1)$-项集的前$(k-2)$项不同，且第$(k-1)$项相同。这样要求了并非任意两个频繁$(k-1)$项均能连接，避免重复生成 k-项集。

【例 3.1】　假定数据集 D 如图 3-3 所示，一共含有 10 条观测。

假定指定的最小支持度为 min-sup$=0.2$，即一个项集至少需要在 2 条观测中出现才能被称作是频繁的。Apriori 算法寻找频繁项集的具体

序列号	观测值
1	i_1, i_5
2	i_1, i_2, i_3, i_4, i_5
3	i_1, i_2, i_3,
4	i_1, i_2,
5	i_1, i_3, i_5
6	i_1, i_2, i_3, i_5
7	i_3
8	i_1
9	i_2, i_3, i_4
10	i_4

图 3-3　事务数据集示意图

步骤如下。

1) 寻找 L_1

如图 3-4 所示，分为两步进行。

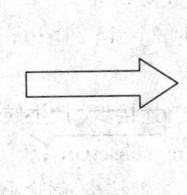

候选 1-项集

项集	计数
$\{i_1\}$	7
$\{i_2\}$	5
$\{i_3\}$	6
$\{i_4\}$	3
$\{i_5\}$	4

频繁 1-项集

项集	计数
$\{i_1\}$	7
$\{i_2\}$	5
$\{i_3\}$	6
$\{i_4\}$	3
$\{i_5\}$	4

图 3-4　获取频繁 1-项集示意图

(1) 连接步骤。候选 1-项集 $C_1 = \{\{i_1\}, \{i_2\}, \{i_3\}, \{i_4\}, \{i_5\}\}$。

(2) 修剪步骤。扫描数据集 D 计算 C_1 中的所有候选项集 1-项集的观测数都不小于 2，所以 L_1 就等于 C_1。

2) 寻找 L_2

如图 3-5 表示，分为下面两步。

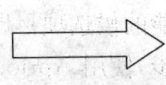

候选 2-项集

项集	计数
$\{i_1, i_1\}$	4
$\{i_1, i_3\}$	4
$\{i_1, i_4\}$	1
$\{i_1, i_5\}$	4
$\{i_2, i_3\}$	4
$\{i_2, i_4\}$	2
$\{i_2, i_5\}$	2
$\{i_3, i_4\}$	2
$\{i_3, i_5\}$	3
$\{i_4, i_5\}$	1

频繁 2-项集

项集	计数
$\{i_1, i_2\}$	4
$\{i_1, i_3\}$	4
$\{i_1, i_5\}$	4
$\{i_2, i_3\}$	4
$\{i_2, i_4\}$	2
$\{i_2, i_5\}$	2
$\{i_3, i_4\}$	2
$\{i_3, i_5\}$	3

图 3-5　获取频繁 2-项集示意图

(1) 连接步骤。将 L_1 同自身相连接，生成候选 2-项集的集合 C_2。

（2）修剪步骤。扫描数据集 D 计算 C_2 中每个候选项集的观测数，L_2 包含 C_2 中观测数不小于 2 的项集。

3）寻找 L_3

如图 3-6 所示。

候选 3-项集　　　　　　　　　　　　　　频繁 3-项集

项集	计数
$\{i_1, i_2, i_3\}$	3
$\{i_1, i_2, i_5\}$	2
$\{i_1, i_3, i_5\}$	3
$\{i_2, i_3, i_4\}$	2
$\{i_2, i_3, i_5\}$	2
$\{i_2, i_4, i_5\}$	1
$\{i_3, i_4, i_5\}$	1

项集	计数
$\{i_1, i_2, i_3\}$	3
$\{i_1, i_2, i_5\}$	2
$\{i_1, i_3, i_5\}$	3
$\{i_2, i_3, i_4\}$	2
$\{i_2, i_3, i_5\}$	2

图 3-6　获取频繁 3-项集示意图

（1）连接步骤。将 L_2 同自身相连接，生成候选 3-项集的集合 C_3。

（2）修剪步骤。根据 Apriori 性质，将 L_2 所产生候选 3-项集的某个 2-子项集不在 L_2 中，那么将该候选项集从 C_3 中删除。扫描数据集 D 计算 C_3 中每个候选项集的观测数，L_3 包含 C_3 中观测数不小于 2 的项集。

4）寻找 L_4

如图 3-7 所示。

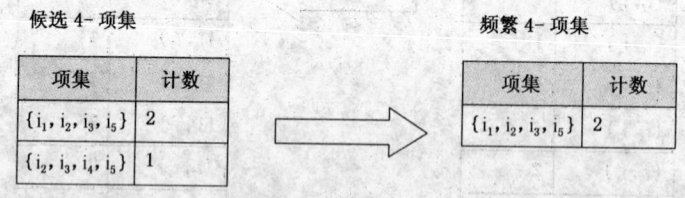

候选 4-项集　　　　　　　　　　　　　　频繁 4-项集

项集	计数
$\{i_1, i_2, i_3, i_5\}$	2
$\{i_2, i_3, i_4, i_5\}$	1

项集	计数
$\{i_1, i_2, i_3, i_5\}$	2

图 3-7　获取频繁 4-项集示意图

（1）连接步骤。将 L_3 同自身相连接，生成候选 4-项集的集合 C_4。

（2）修剪步骤。如果一个候选 4-项集的某个 3-子项集不在 L_3 中，那么将该候选项集从 C_4 中删除。扫描数据集 D 计算 C_4 中每个候选项集的观测数，L_4 包含 C_4 中观测数不小于 2 的项集。

找到所有频繁项集之后，可以从中生成所有的强关联规则，一个强关联规则

A⇒B 必须满足以下 2 个条件：

(1) A∪B 是频繁的。

(2) $confidence(A \Rightarrow B) = Support(A \bigcup B)/Support(A) \geqslant min\text{-}conf$。

因此可以生成如下强关联规则：

对每个频繁项集 L，生成它所有的非空子集。对于 L 的每个非空子集 S，如果 $Support(L)/Support(S) \geqslant min\text{-}conf$，则输出强关联规则 $S \Rightarrow L \backslash S$，其中 $L \backslash S$ 表示 S 在 L 中的补集。

例如，在上面的实例中，假设 $min\text{-}conf = 70\%$。

若要从频繁项集 $I = \{i_1, i_2, i_5\}$ 生成强关联规则，首先找到 I 的所有非空子集：$\{i_1\}, \{i_2\}, \{i_5\}, \{i_1, i_2\}, \{i_1, i_5\}, \{i_2, i_5\}, \{i_1, i_2, i_5\}$，然后考察每个非空子集：

$$Support(\{i_1, i_2, i_5\})/Support(\{i_1\}) = 2/7 = 28.6\% < 70\%$$
$$Support(\{i_1, i_2, i_5\})/Support(\{i_2\}) = 2/5 = 40\% < 70\%$$
$$Support(\{i_1, i_2, i_5\})/Support(\{i_5\}) = 2/4 = 50\% < 70\%$$
$$Support(\{i_1, i_2, i_5\})/Support(\{i_1, i_2\}) = 2/4 = 50\% < 70\%$$
$$Support(\{i_1, i_2, i_5\})/Support(\{i_1, i_5\}) = 2/4 = 50\% < 70\%$$
$$Support(\{i_1, i_2, i_5\})/Support(\{i_2, i_5\}) = 2/2 = 100\% > 70\%$$
$$Support(\{i_1, i_2, i_5\})/Support(\{i_1, i_2, i_5\}) = 2/2 = 100\% > 70\%$$

因此，输出强关联规则 $\{i_2, i_5\} \Rightarrow \{i_1\}$。

Apriori 算法是最有影响的挖掘布尔型频繁项目集的算法。该算法采用逐层搜索迭代：首先找出频繁 1 -项目集 L_1，在 L_1 上找出频繁 2 -项目集 L_2，依次类推，直到找不到频繁 K -项目集 L_k 为止。由于 Apriori 算法要求项目集的所有非空子集都必须是频繁的，因此在数据库中 D 的事务中寻找频繁项目集时，需要进行连接和剪枝，才能挖掘强关联规则。由此可知，通过以上分析，我们发现 Apriori 算法，其时间性能不尽如人意，规则表示抽象，计算频繁项目集时，需大量扫描数据库，特别是当挖掘规则的支持度和可信度阈值改变时，需要重新挖掘，而不能利用已有的结果，再次挖掘规则不能根据主观兴趣进行交互式挖掘。因而可能存在下列问题：

(1) 所挖掘的规则存在大量冗余，可能出现组合爆炸。

(2) 挖掘规则的计算量呈指数增加，因而提交给用户的规则数量激增，导致提取频繁项目集之间所蕴涵的用户感兴趣的规则变得更加困难。

然而，所有基于 Apriori 算法的候选集生成思想的关联分析技术，即使进行了一定的改进与优化，这一类方法仍然存在着一些难以克服的固有问题：

(1) 需要处理大量的候选集，这个代价常常是非常昂贵的，特别是当数据库中存在丰富的模式和/或长模式时。例如,如果有 10^4 个频繁 1 项集,则 Apriori 需要产生 10^7 个候选 2 项集,并累计和检查它们的频繁性;为发现长度为 100 的 频繁模式,它必须产生多达 10^{30} 个候选。

(2) 为了挖掘长模式,不可避免地要重复性地检索数据库。

针对上述固有问题,美国 Han Jiawei 等学者设计了一种不产生候选项集挖掘频繁项集的方法,称为频繁模式增长算法(frequent-pattern growth)。该算法使用一种压缩的数据结构(FP-tree)存储关联规则挖掘所需的全部数据信息,通过对源数据库的两次扫描,将数据信息存到这种结构里,避开了产生候选项集的步骤,极大地减少了数据交换和频繁匹配的开销,并且将数据库频繁模式的挖掘问题转化成挖掘 FP-tree 的问题。因此,在挖掘效率上 FP-growth 算法明显优于 Apriori 算法,特别是在稠密数据库中,频繁项集的长度很大的情况下,FP-growth 算法的优势越明显。FP-growth 算法的缺点是需要递归生成条件数据库和条件 FP-tree,因此内存开销大。详细的算法过程不作赘述,感兴趣的读者可以参考 Han 著《数据挖掘——概念与技术》一书。

3.5 关联规则的分类

(1) 基于规则中处理的变量的类别,关联规则可以分为布尔型和数值型。

布尔型关联规则处理的值都是离散的、种类化的,它显示了这些变量之间的关系。

数值型关联规则可以和多维关联或多层关联规则结合起来,对数值型字段进行处理,将其进行动态的分割,或者直接对原始的数据进行处理,当然数值型关联规则中也可以包含种类变量。

(2) 规则中数据的抽象层次,可以分为单层关联规则和多层关联规则。

在单层关联规则中,所有的变量都没有考虑到现实的数据是具有多个不同的层次的。在多层关联规则中,对数据的多层性已经进行了充分的考虑。

(3) 规则中涉及的数据的维数,关联规则可以分为单维的和多维的。

在单维关联规则中,我们只涉及数据的一个维,如用户购买的物品在多维关联规则中,要处理的数据将会涉及多个维。

3.6 关联分析的发展

支持度和置信度是度量关联规则的标准方法,但是,这两个评价准则也存在一些问题。从置信度的公式可以看出,它完全忽略了 $\sigma(Y)$,因为这样一条关联规则是显而易见的。例如,某个人购买薯条,那么他购买可乐的支持度和置信度都很高,但是,与啤酒-尿布这样的规则相比,它并不是一条有趣的规则。学者Brin 于 1997 年提出了作用度的概念,作为关联规则的兴趣指标,作用度解决了置信度忽略规则后件中出现的项集的支持度的局限性。作用度的度量方式是:

$$lift(X \Rightarrow Y) = \frac{c(X \Rightarrow Y)}{\sigma(Y)} = \frac{\sigma(X \bigcup Y)}{\sigma(X) \cdot \sigma(Y)}$$

在关联规则挖掘问题提出以后,关联分析得到了国内外众多学者的关注,对该问题的研究也得到了很大的发展。到目前为止,其主要的研究方向包括:①多循环方式的挖掘算法。②增量式更新算法。③并行发现算法。④挖掘一般和多层关联规则。⑤基于约束的关联规则挖掘。⑥模糊关联规则挖掘。⑦挖掘多值属性关联规则等。另外,随着数据仓库技术的成熟和发展,将 OLAP 和关联规则相结合也发展成为关联规则挖掘一个重要的研究方向。

3.7 习　　题

1. 某大学随机抽样大学生早餐选择。首先产生食堂经常卖的 9 个早餐种类:a 包子;b 豆浆;c 大饼;d 油条;e 豆奶;f 鸡蛋;g 牛奶。随机抽样调查 9 位女生的早餐选项,请根据如下数据进行关联分析。

序列号	采集值
1	a, b
2	d, g
3	a, e
4	a, e, f
5	d, f
6	a, g
7	a
8	a, b
9	a, e
10	a, b

2. 调研采集一组超市购物篮数据,进行关联分析,对超市的商品货架摆放给出建议。

第 4 章

分 类 分 析

4.1 分 类 概 述

分类分析基于"物以类聚"的思想将数据对象分为多个类别,从而对数据进行分析。在 18 世纪初叶甚至更早,人们就已对动植物进行分类。分类分析是预测、决策的基础。分类分析也可以作为其他算法的预处理步骤。

分类分析的目的是在给定其他变量值的条件下对我们感兴趣的求知变量值作出预测。例如,可以建立一个分类模型,对银行贷款的安全或风险进行分类;根据患者的一系列化验结果给出对他的诊断;在书籍顾客购买了其他商品的前提下,估计出他们购买产品 A 的概率。

贝叶斯分类、神经网络、遗传算法和决策树等技术,是现今最为流行的数据挖掘分类技术。与其他三者相比,决策树技术以其算法容易被人理解、易转换成 IF-THEN 分类规则、效率较高等优点被广泛研究与应用;同时决策树生成算法除了包含在训练数据中的信息外不要求其他的信息,就能够以非常高的精度完成分类工作,并完成对数据的预测。

目前决策树方法中比较流行的算法有 ID3、C4.5、CART、SLIQ 和 SPRINT 等。这些算法都是对训练数据样本集建立一棵决策树,利用建好的决策树,对数据进行预测。决策树的建立可以看成是分类规则的生成过程,因此可以认为,决策树实现了数据分类规则的可视化,其输出结果也容易理解。

4.2　基于决策树的分类

4.2.1　决策树的概念

所谓决策树,就是一个类似流程图的树状结构,其中的每个内部节点代表对一个属性(取值)的测试或选择,其分支就代表测试或选择的结果;而树的每个叶子节点就代表一个类别。树的最高层节点就是根节点,它是整个决策的开始。

如图 4-1 所示就是一个决策树示例。

该决策树描述了一个给客户提供贷款与否的分类模型,利用它可以对一个贷款申请者是否获得贷款进行分类和预测,从中可以看到决策树的基本组成部分有:决策节点、分支和叶子节点。此外,决策树的每个节点的子节点

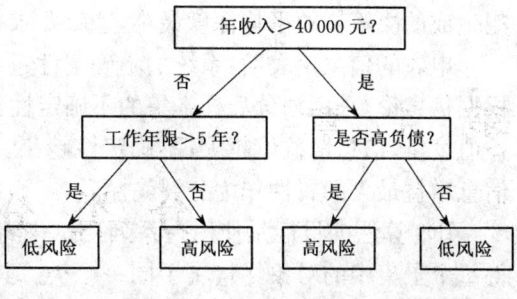

图 4-1　决策树示意图

(或分支)的数目与决策树所使用的算法有关。如:CART 算法得到的决策树的每个节点有两个分支,这种树就是二叉树。节点含有两个以上子节点(或分支)的决策树就是多叉树。每个分支要么是一个新的决策节点,要么是树的结尾,称为叶子节点。在沿着决策树从上到下遍历的过程中,对每个节点上的问题的不同回答将形成不同的分支,最后会到达一个叶子节点。这个过程就是利用决策树进行分类和预测的过程。

在本例中,根节点是"年收入>40 000 元",对此问题的不同回答会形成"是"和"否"两个分支。其他几个节点也一样,对节点问题的不同回答形成两个分支。如果银行工作人员利用这棵决策树来决定支持哪些贷款和拒绝哪些贷款,那么他就会发现,"年收入>40 000 元"和"高负债"的申请者被认为是"高风险的",应拒绝贷款;"年收入≤40 000 元"和"工作年限>5 年"的申请者被认为是"低风险的",应该支持贷款。

4.2.2　决策树的基本算法

ID3 (iterative dichotomizer 3)算法是由学者 Quinlan 在 1986 年首先提出,以信息论为基础,运用信息熵理论,采用自顶向下的贪心搜索算法。其核心思想是在决策树中各级节点上选择分裂属性。用信息增益作为属性选择的标准,使在每个非叶子节点测试时,能获得关于被测试例子最大的类别信息。使用该属性将训练样本集分成子集后,系统的信息熵值最小(熵是一个衡量系统混乱程度的统计量,熵越大表示系统越混乱,读者可参考第一章获取关于信息的度量和熵的概念)。期望该非叶节点到各个后代叶节点的平均路径最短,使生成的决策树的平均深度较小,从而提高分类的速度和准确率。

样本集的划分则依据测试属性的取值进行,测试属性有多少不同取值就将样本集划分为多少子样本集,同时决策树上相应于该样本集的节点长出新的叶子节点。由于决策树的结构越简单越能从本质上概括事物的规律,于是我们期

望生成的决策树的平均深度最小,这就要求在每个节点选择好的划分。

申农的信息论表明:系统的不确定性越小,信息的传递就越充分。ID3 算法根据信息论,采用划分后样本集的不确定性作为衡量划分好坏的标准,用信息增益值度量,信息增益值越大,不确定性越小。因此,算法在每个非叶子节点选择信息增益最大的属性作为分裂属性。

ID3 算法的目标是使用一系列测试来将训练集迭代地划分为多个子集,使得每个子集中的对象尽量属于同一个类。其中,树的非叶节点对应着单个属性的测试,叶节点对应的是数据集最终被分类后所得的子集。该算法的效率就体现在对测试属性的选择上。

ID3 算法决策树生成的步骤如下:

(1) 选择具有最大信息增益的属性作为决策树的当前决策节点,并将该属性从候选属性中删除。

(2) 根据当前决策节点的不同取值将该样本数据集划分成若干个子集。

(3) 重复上面步骤(1)、(2),当满足以下条件之一时,决策树停止生成新的分支:①给定节点的所有样本属于同一类。②没有剩余属性可以用来进一步划分样本。③分支没有样本。

设 S 为一个包含 n 个数据样本的集合, m 是类别属性不同的取值数 C_i , $i \in \{1, 2, \ldots, m\}$,对应于 m 个不同的类别。假设 S_i 为类别 C_i 中的样本个数,那么要对一个给定数据对象进行分类所期望的信息量为:

$$I(S_1, S_2, \cdots, S_m) = \mathrm{Info}(D) = -\sum_{i=1}^{m} P_i \log_2(P_i)$$

其中, $P_i = S_i/S$ 为任意样本属于 C_i 的概率。如果以属性 A 作为决策树的根,设属性 A 取 v 个不同的值 $\{a_1, a_2, \cdots, a_v\}$,它将集合 S 划分为 v 个子集 $\{S_1, S_2, \cdots, S_v\}$,其中 S_j 为 S 中属性 A 取 a_j 的数据样本,若属性 A 被选为分裂属性,那么这些子集表示从代表样本 S 的节点生长出来的新节点。设 S_{ij} 表示在 S_j 中类为 C_i 的记录个数,那么利用属性 A 划分当前样本几个所期望的信息熵为:

$$E(A) = \mathrm{Info}_A(D) = \sum_{j=1}^{v} \frac{|D_j|}{|D|} \times \mathrm{Info}(D_j)$$

其中, S_{ij} 为子集 S_j 中属于 C_i 类别的样本集, $[(s_{1j} + s_{2j} + \cdots + s_{mj})/s]$ 表示第 j 个子集的权重, $S = |S|$ 。信息增益的计算公式基本形式为:

$$\mathrm{gain}(A) = I(S_1, S_2, \cdots, S_m) - E(A)$$

如前所述,熵是一个衡量系统混乱程度的统计量,熵越大表示系统越混乱。

分类的目的是提取系统信息,使系统向更加有序、有规则组织的方向发展。所以,最佳的分裂方案是使熵减少量最大的分裂方案。熵减少量就是信息增益,所以,最佳分裂就是使 gain(A) 最大的分裂方案。通常,这个最佳方案是用"贪心算法+深度优先搜索"得到的。

换言之,infoGain(A) 就是根据属性 A 的取值进行样本集划分所获得的信息熵的减少量。决策树归纳算法用于计算每个属性的信息增益,从中挑选出信息增益最大的属性作为给定集合 S 的测试属性,并由此产生相应的分支节点。所产生的节点被标记为相应的属性,并根据这一属性的不同取值分别生成相应的(决策树)分支,每个分支都代表一个被划分的样本子集。

下面介绍的算法就是著名的决策树算法 ID3 的一个基本版本:

算法 ID3:根据给定的数据集生成一棵决策树。

输入:训练样本,可供归纳的候选属性集 A,并且各属性均取离散值。

输出:决策树。

建立决策树的流程 Generating_DT 如下:

(1) 创建一个节点 N。

(2) 若节点 N 中的所有样本均属于同一类别 C,则返回 N 作为一个叶子节点,并标记为类别 C。需要注意的是,开始时根节点对应所有的训练样本。

(3) 若属性集 A 为空,则返回节点 N 作为一个叶子节点并标记为该节点所含样本中类别数目最多的类别。

(4) 否则,从属性集 A 中选择一个信息增益最大的属性,并将节点 N 标记为测试属性 TA。

(5) 对于测试属性 TA 的每一个已知的取值 a_i,根据该取值划分节点 N 所包含的所有样本集。

(6) 根据测试属性的条件,从节点 N 产生一个相应的分支,以表达该测试条件,并假设 S_i 为满足 $TA = a_i$ 条件所产生的一个分支的样本集合。

(7) 若 S_i 为空,则将相应的叶子节点标记为所含样本中类别数目最多的类别。

(8) 否则,将相应的叶子节点标记为 Generating_DT (S_i, A-TA) 返回值。

以下是建立决策树流程的详细描述:

(1) 开始建立决策树时,根节点包含所有的训练样本。

(2) 若一个节点的样本均属于同一类别,则该节点就作为叶子节点,并将该节点标记为该类别;否则,对该节点采用信息熵方法(通常称为信息增益)来帮助选择合适的分支属性,以便于将样本集划分为若干个子集;同时,这个属性就成为该节点的测试属性。因为在 ID3 算法中,所有属性的取值均为离散值,所以若有取值为连续值的属性,要先将其离散化。

一个测试属性的每一个取值均对应一个将要被创建的分支,同时也对应一个将要被划分的子集。

递归以上处理过程,针对所获得的每个划分均又获得一棵决策子树。一个属性一旦出现一次,那么它就不能再出现在其他节点上,即不允许重复节点出现。

递归结束的条件是:一个节点的所有样本均属于同一类别;或者若无属性可用于划分当前样本集,则按照少数服从多数的原则将当前节点强制作为叶子节点,并标记为当前节点所含样本集中类别数目最多的类别;或者没有样本满足 $TA = a_i$,则创建一个叶子节点并将其标记为当前节点所含样本集中类别数目最多的类别。

【例 4.1】　表 4-1 是由银行的客户基本资料和信贷资料的一部分数据组成的训练样本集,使用 ID3 算法进行数据挖掘获取决策规则。

表 4-1

贷款数据样本

序号	年龄 (age)	收入 (income)	婚姻状况 (marriage)	信用等级 (credit_rate)	贷款与否 (loan)
1	<30	High	No	Fair	No
2	<30	High	No	Excellent	No
3	30~40	High	No	Fair	Yes
4	>40	Medium	No	Fair	Yes
5	>40	Low	Yes	Fair	Yes
6	>40	Low	Yes	Excellent	No
7	30~40	Low	Yes	Excellent	Yes
8	<30	Medium	No	Fair	No
9	<30	Low	Yes	Fair	Yes
10	>40	Medium	Yes	Fair	Yes
11	<30	Medium	Yes	Excellent	Yes
12	30~40	Medium	No	Excellent	Yes
13	30~40	High	Yes	Fair	Yes
14	>40	Medium	No	Excellent	No

该样本集的类别属性为:贷款与否,该属性有两个不同的取值:Yes 和 No,

所以类别 $m=2$。另外,该样本集还有 4 个属性,分别是:客户年龄、收入、婚姻状况和信用等级。

设 C_1 为属性"贷款与否"中的 Yes 类,即同意发放贷款;C_2 为属性"贷款与否"中的 No 类,即不同意发放贷款。所以,类别 C_1 有 9 个样本,类别 C_2 有 5 个样本。所以,属性"贷款与否"在样本集中的信息量为:

$$I(S_1, S_2) = I(9, 5) = -\frac{9}{14} \log_2 \frac{9}{14} - \frac{5}{14} \log_2 \frac{5}{14} \approx 0.94$$

接着计算其他属性的信息熵,假设计算年龄的信息熵:根据属性"年龄"的每个取值在类别 Yes 和 No 中的分布。计算每个分布的信息量:

当 age="<30"时,$S_{11} = 2$, $S_{21} = 3$, $I(S_{11}, S_{21}) = I(2, 3) = -\frac{2}{5} \log_2 \frac{2}{5} - \frac{3}{5} \log_2 \frac{3}{5} \approx 0.971$

当 age="$30\sim40$"时,$S_{12} = 4$, $S_{22} = 0$, $I(S_{12}, S_{22}) = I(4, 0) = 0$

当 age=">40"时,$S_{13} = 3$, $S_{23} = 2$, $I(S_{13}, S_{23}) = I(3, 2) = -\frac{3}{5} \log_2 \frac{3}{5} - \frac{2}{5} \log_2 \frac{2}{5} \approx 0.971$

所以,如果根据属性"年龄"对样本集进行划分时,对一个数据对象分类所需要的信息熵是:

$$E(\text{age}) = \frac{5}{14} I(S_{11}, S_{21}) + \frac{4}{14} I(S_{12}, S_{22}) + \frac{5}{14} I(S_{13}, S_{23}) = 0.694$$

所以,若根据属性"年龄"对样本集进行划分的信息增益为:

$$\text{InfoGain}(\text{age}) = I(S_1, S_2) - E(\text{age}) = 0.246$$

同理可得:

InfoGain(income) = 0.039

InfoGain(marriage) = 0.151

InfoGain(credit_rate) = 0.048

其中,属性"年龄"的信息增益最大,因此选属性"年龄"为测试属性用于生成分支节点。分支后的样本集如图 4-2 所示。

从图 4-2 可以看到 age="$30\sim40$"的样本子集中类别相同,都是 Yes,所以划分为一个叶子节点,并且标记为 Yes。接下来继续对 age 节点中不纯的分支节点用上述步骤继续进行类似的计算,最后得到的决策树如图 4-3 所示。

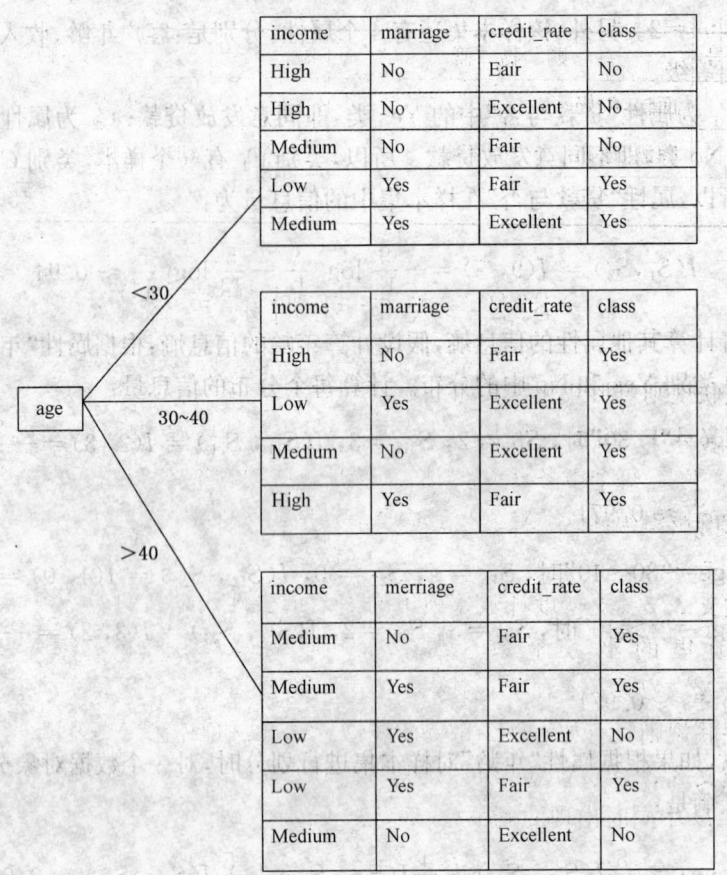

income	marriage	credit_rate	class
High	No	Eair	No
High	No	Excellent	No
Medium	No	Fair	No
Low	Yes	Fair	Yes
Medium	Yes	Excellent	Yes

income	marriage	credit_rate	class
High	No	Fair	Yes
Low	Yes	Excellent	Yes
Medium	No	Excellent	Yes
High	Yes	Fair	Yes

income	merriage	credit_rate	class
Medium	No	Fair	Yes
Medium	Yes	Fair	Yes
Low	Yes	Excellent	No
Low	Yes	Fair	Yes
Medium	No	Excellent	No

图 4-2　属性 age 作为分支结点的分支样本集示意图

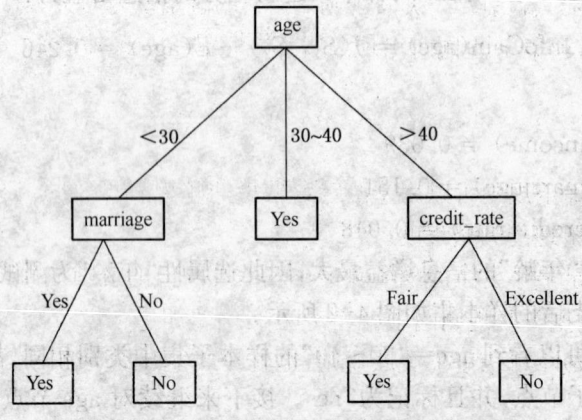

图 4-3　ID3 算法生成决策树示意图

决策树所表示的分类知识可以被提取出来,并可用 IF-THEN 分类规则的形式加以表示。从决策树的根节点到任意一个叶子节点所形成的一条路径就构成了一条分类规则。沿着决策树的一条路径所形成的属性一值偶对就构成了分类规则的条件,即 IF 部分中的一个合取项;叶子节点所标记的类别就构成了规则的结论,即 THEN 部分。IF-THEN 分类规则的表达方式易于被人们理解,且当决策树较大时,该规则表示形式的优势就更加突出。对于一个观测,可以根据其各属性的取值从决策树树根位置开始进行遍历,当然是沿着各属性所在分支自上而下直到达到某个叶子节点,叶子节点所属的类别就是该观测的预测值。

这里,信息增益的技术在分裂属性上起着重要的作用,图 4-4 和图 4-5 对比了在产生决策树过程中使用和未使用信息增益技术分裂属性所得到的决策树。显然,图 4-5 所示的决策树要复杂得多,不便于决策者进行决策。

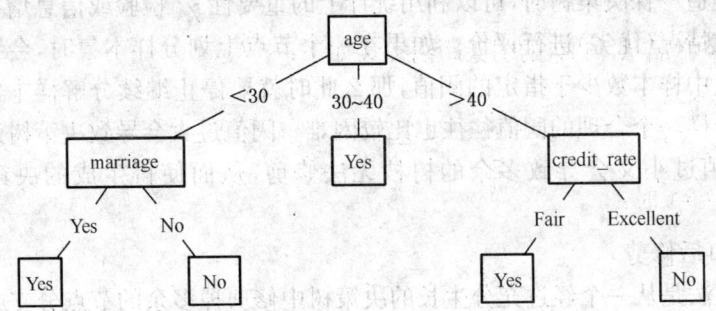

图 4-4 使用信息增益分裂属性示意图

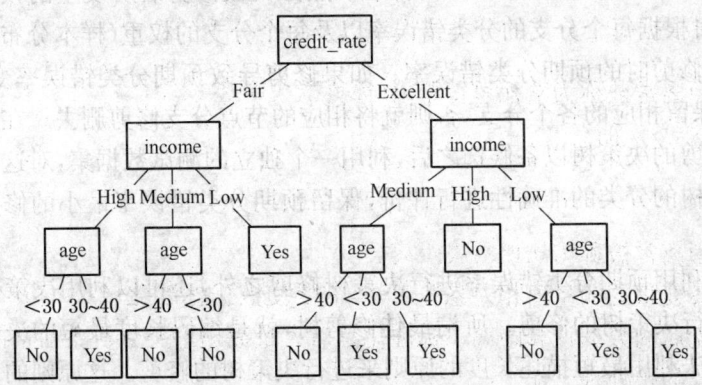

图 4-5 未使用信息增益分裂属性示意图

4.2.3　决策树修剪

刚建立起来的决策树通常它的许多分支都是根据训练样本集中含有异常数据(如噪声等)的情况构造出来的。树枝修剪正是针对这类数据过度拟合的问题而提出来的。通常树枝修剪方法利用统计方法删除最不可靠的分支或子树,以提高进行预测时分类识别的速度和正确分类识别新数据的能力。

通常采用两种方法进行决策树的修剪,分别说明如下。

1) 事前修剪

该方法通过在建立决策树的过程中判断是否停止分支,从而进行剪枝,即通过在当前节点上判断是否需要继续划分该节点所含的训练样本集来实现。一旦停止分支,那么当前节点就成为一个叶子节点。因此,叶子节点中可能包含多个不同类别的训练样本。

在建造一棵决策树时,可以利用统计上的重要性 χ^2 检验或信息增益等来对分支生成情况(优劣)进行评价。如果在一个节点上划分样本集时,会导致所产生的节点中样本数少于指定的阈值,那么此时就要停止继续分解样本集。但就是确定这样一个合理的阈值往往也比较困难。阈值过大会导致决策树过于简单化,而阈值过小又会导致多余的树枝无法修剪,从而使得生成的决策树过于茂盛。

2) 事后修剪

该方法是从一个经过充分生长的决策树中修剪掉多余的节点分支或子树。

基于代价成本的修剪算法就是一个事后修剪方法。被修剪分支的节点就成为一个叶子节点,并将其标记为它所包含的样本中类别数目最多的类别。而对于树中的每个非叶子节点,计算出若干节点分支被修剪后所发生的预期分类错误率;同时根据每个分支的分类错误率以及每个分支的权重(样本分布),计算该节点不被修剪时的预期分类错误率。如果修剪导致预期分类错误率变大,则放弃修剪,保留相应的各个分支,否则就将相应的节点分支修剪删去。在产生一系列经过修剪的决策树以备候选之后,利用一个独立的测试数据集,对这些经过修剪的决策树的分类的准确性进行评价,保留预期分类错误率最小的修剪后的决策树。

除了利用预期分类错误率进行决策树修剪之外,还可以利用决策树的编码长度来进行决策树的修剪。所谓最佳修剪树,就是编码长度最短的决策树。这种修剪方法利用最短描述长度的原则来进行决策树的修剪。这原则的基本思想是:最简单的就是最好的。与基于代价成本的方法相比,利用最短描述长度原则进行决策树修剪时无需额外的独立测试数据集。

当然,事前修剪可以与事后修剪相结合,从而构成一个混合的修剪策略。事后修剪比事前修剪需要更多的计算时间,从而可以获得一棵更可靠的决策树。

4.2.4 决策树的改进

ID3 算法在数据挖掘中占有非常重要的地位。但是,在应用中,ID3 算法不能够处理连续属性、计算信息增益时偏向于选择取值较多的属性等不足。C4.5 是在 ID3 基础上发展起来的决策树生成算法,由 J. R. Quinlan 在 1993 年提出。C4.5 克服了 ID3 在应用中存在的不足,主要体现在以下几个方面:

(1) 用信息增益率来选择属性,克服了用信息增益选择属性时偏向选择取值多的属性的不足。

在树结构过程中或者构造完成之后,进行剪枝。

(2) 能够完成对连续属性的离散化处理。

(3) 能够对于不完整数据的处理,例如未知的属性值。

(4) C4.5 采用的知识表示形式为决策树,并最终可以形成产生式规则。

(5) 基于 C4.5 的决策树构造过程分为以下四个步骤。

1) 信息增益率

设 T 为数据集,类别集合为 $\{C_1, C_2, \cdots, C_k\}$,选择一个属性 V 把 T 分成多个子集。设 V 有互不重合的 n 个取值 $\{v_1, v_2, \cdots, v_n\}$,则 T 被分为 n 个子集 $T_1, T_2, \cdots, T_n$,这里 T_i 中的所有实例的取值均为 v_i。

令:$|T|$ 为数据集 T 的例子数,$|T_i|$ 为 $v = v_i$ 的例子数,$|C_j| = \text{freq}(C_j, T)$ 为 C_j 类的例子数,$|C_j^v|$ 是 $V = v_i$ 例子中具有 C_j 类别例子数。

则有:

(1) 类别 C_j 的发生概率:$p(C_j) = |C_j| / |T| = \text{freq}(C_j, T)/|T|$。

(2) 属性 $V = v_i$ 的发生概率:$p(v_i) = |T_i| / |T|$。

(3) 属性 $V = v_i$ 的例子中具有类别 C_j 的条件概率:$p(C_j | v_i) = |C_j^v| / |T_i|$。

以下公式中的 $H(C)$、$H(C/V)$、$I(C, V)$、$H(V)$ 是信息论中的写法,而 $\text{info}(T)$、$\text{info}_v(T)$、$\text{gain}(V)$、$\text{split\_info}(V)$、gain_ratio 是 Quintan 的写法,在此统一起来。

(1) 类别的信息熵。

$$H(C) = -\sum_{j=1}^{k} p(C_j) \log(p(C_j)) = -\sum_{j=1}^{k} \frac{|C_j|}{|T|} \log\left(\frac{|C_j|}{|T|}\right) =$$

$$-\sum_{j=1}^{k} \frac{\text{freq}(C_j, T)}{|T|} \times \log_2\left(\frac{\text{freq}(C_j, T)}{|T|}\right) = \text{info}(T)$$

（2）类别条件熵。

按照属性 V 把集合 T 分割，分割后的类别条件熵为：

$$H(C \mid V) = -\sum_j p(v_i) \sum_i p(C_j \mid v_i) \log p(C_j \mid v_i) =$$

$$-\sum_j \frac{\mid T_i \mid}{\mid T \mid} \sum_i \frac{\mid C_i^v \mid}{\mid T_i \mid} \log \frac{\mid C_i^v \mid}{\mid T_i \mid} =$$

$$\sum_{i=1}^n \frac{\mid T_i \mid}{\mid T \mid} \mathrm{info}(T_i) = \mathrm{info}_v(T)$$

（3）信息增益，即互信息。

$$I(C, V) = H(C) - H(C \mid V) = \mathrm{info}(T) - \mathrm{info}_v(T) = \mathrm{gain}(V)$$

（4）属性 V 的信息熵。

$$H(V) = -\sum_i p(v_i) \log(p(v_i)) = -\sum_{i=1}^n \frac{\mid T_i \mid}{\mid T \mid} \log_2\left(\frac{\mid T_i \mid}{\mid T \mid}\right) = \mathrm{split\_info}(V)$$

（5）信息增益率。

$$\mathrm{gain\_ratio} = I(C, V)/H(V) = \mathrm{gain}(V)/\mathrm{split\_info}(V)$$

ID3 算法倾向于对属性生成许多划分，并容易导致过度拟合。更加极端的情况是：在训练集中所有观测均为单一值的一个属性将被认为是最好的，因为每一个划分将只有一个观测，并属于一个类别，这种使用信息增益进行度量的方法有很多缺点，而 C4.5 算法在 ID3 算法上作了改进，主要是使用信息增益率而不是信息增益进行度量。

理论和实验表明，采用"信息增益率"（C4.5 方法）比采用"信息增益"（ID3 方法）更好，主要是克服了 ID3 方法选择偏向取值多的属性。

2）连续属性的处理

在 ID3 中没有处理连续属性的功能。在 C4.5 方法中，设在集合 T 中，连续属性 A 的取值为 $\{v_1, v_2, \cdots, v_m\}$，则任何在 v_i 和 v_{i+1} 之间的任意取值都可以把实例集合分为两部分：$T_1 = \{t \mid A \leqslant v_i\}$ 和 $T_2 = \{t \mid A > v_i\}$。

可以看到一共有 $m-1$ 种分割情况，对属性 A 的 $m-1$ 种分割情况，作为该属性的两个离散取值，重新构造该属性的离散值，再按照上述公式计算每种分割所对应的信息增益率 $\mathrm{gain\_ratio}(v_i)$，在 $m-1$ 种分割情况中，选择最大增益率作为属性 A 的分支，即：

$$\mathrm{threshold}(V) = v_k$$

其中，$\mathrm{gain\_ratio}(v_k) = \max\{\mathrm{gain\_ratio}(v_i)\}$，即 v_k 是各信息增益率最大者。

则连续属性 A 可以分割为：$A \leqslant \text{threshold}(V)$ 和 $A > \text{threshold}(V)$。

3）决策树剪枝

由于噪声和随机因素的影响，决策树一般会很复杂，因此需要进行剪枝操作。为了避免决策树的高度无节制地增长，避免过度拟合数据，C4.5 算法在进行决策树建立过程中使用以下方法来确定是否真正剪枝。

该方法中使用的公式如下：

$$Pr\left[\frac{f - q}{\sqrt{q(1-1)/N}} > z\right] = c$$

其中，N 是实例的数量，$f = E/N$ 为观察到的误差率（其中 E 为 N 个实例中分类错误的个数），q 为真实的误差率，c 为置信度（C4.5 算法的一个输入参数，默认值为 0.25），z 为对应于置信度 c 的标准差，其值可根据 c 的设定值通过查正态分布表得到。通过该公式即可计算出真实误差 q 的一个置信上限，用此上限为该节点误差率 e 作一个悲观的估计：

$$e = \frac{f + \frac{z^2}{2N} + z\sqrt{\frac{f}{N} - \frac{f^2}{N} + \frac{z^2}{4N^2}}}{1 + \frac{z^2}{N}}$$

通过判断前后 e 的大小，从而决定是否需要剪枝。

在 C4.5 中建议使用两种基本的剪枝策略，即子树替换和子树上升。如果替换所产生的错误率非常接近原来决策树的错误率，那么就用相应的叶子节点替换某一子树。子树替换的方法将自底向上进行剪枝。子树上升的方法是使用最频繁的子树代替处在更高位置的节点，然后计算出由于替换所增加的错误率。

4）从决策树抽取决策规则

在 C4.5 方法中，对于生成的决策树，可以直接获得规则。从根到叶的每一条路径都可以是一条规则。这样。可以看出有多少条路径就可以产生多少条规则。C4.5 既可以通过决策树也可以通过由决策树生成的规则来进行分类。此外，它还给出了简化复杂决策规则的一些建议。一种方法是：如果能同等对待训练集中的所有观测，那么规则左边的部分就能用一个更加简单的条件来代替。如果没有合适的规则，就给出一个"默认"类型的规则进行提示。

【例 4.2】　以表 4-1 为例，若根据属性"年龄"对样本集进行划分的信息增益为：

$$\text{InfoGain(age)} = I(S_1, S_2) - E(\text{age}) = 0.246$$

$$I\left(\frac{|s_1|}{|s|}, \frac{|s_2|}{|s|}, \frac{|s_3|}{|s|}\right) = I\left(\frac{5}{14}, \frac{4}{14}, \frac{5}{14}\right) =$$

$$-\frac{\frac{5}{14}}{1}\log_2\frac{\frac{5}{14}}{1}-\frac{\frac{4}{14}}{1}\log_2\frac{\frac{4}{14}}{1}-\frac{\frac{5}{14}}{1}\log_2\frac{\frac{5}{14}}{1}\approx1.577$$

所以当前样本集所需要的信息增益率为：

$$\text{InfoGainRatio}(age)=\frac{\text{InfoGain}(age)}{I\left(\left|\frac{s_1}{s}\right|,\left|\frac{s_2}{s}\right|,\left|\frac{s_3}{s}\right|\right)}=0.156$$

同理可得：

$\text{InfoGainRatio}(income)=0.025$

$\text{InfoGainRatio}(marriage)=0.151$

$\text{InfoGainRatio}(credit\_rate)=0.049$

其中，属性"年龄"的信息增益率最大，因此选属性"年龄"为测试属性用于生成分支节点，所以分支后的样本集同图 4-2。接下来继续对 age 节点中不纯的分支节点用上述步骤继续进行类似的计算，最终得到的决策树与图 4-3 一致。

4.3　分类分析的其他技术

4.3.1　支持向量机

统计学理论的发展，形成了一套完整的统计学理论。支持向量机（support vector machine，SVM）是在统计学理论基础上发展的一种新的数据挖掘方法，在解决小样本，非线性和高维模式识别问题上表现许多特有的优势。支持向量机的历史可以追溯到 1963 年，当时由 Vapnik 领导的 AT & T Bell 实验室研究小组提出一种新的非常有潜力的分类技术——SVM，它是一种模式识别方法。由于当时这些研究尚不十分完善，在解决模式识别问题中往往趋于保守，且数学上比较艰涩，因此这些研究一直没有得到充分的重视。直到 20 世纪 90 年代，统计学习理论的实现和由于神经网络等较新兴的机器学习方法的研究遇到一些重要的困难，比如如何确定网络结构问题、过学习与欠学习问题、局部极小点问题等，使得 SVM 迅速地发展和完善，现在已经在许多领域（如生物信息学、文本和手写识别等）都取得了成功的应用。

下面介绍最基本的支持向量机原理。

图 4-6 对比二维空间和三维空间，二维空间中的点 A 有 2 个属性；三维空间中的点 A 有 3 个属性。同样，具有 n 个属性（$n\geqslant3$）的一批数据映射了高维空间（n 维空间）中的一批点。图 4-7(a)中的空心点和星点为二维空间中的点。

考虑对于图 4-7(a)所示的二维空间上分类问题,这时有许多直线能将两类点正确分开,我们探讨一下哪条直线更好些。

首先假定分划直线的法方向 W 已经给定,如图 4-7(a)中的方向 W。直线 l_1 就是一条以 W 为法方向且能够正确分划两类点的直线,显然这样的直线并不唯一,我们还

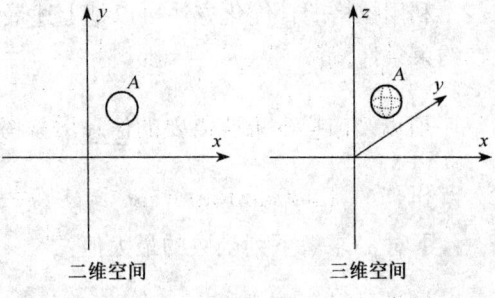

图 4-6 二维空间与三维空间示意图

可以平行地向右上方或向左下方推移直线 W,直到碰到某类训练点。这样就得到了两条极端的直线 l_2 和 l_3,在 l_2 和 l_3 之间的平行直线都能正确分划两类点,都可作为候选分划直线。显然在这些候选分划直线中,以 l_2 和 l_3 "中间"的那条直线 l 为最好。以上分析给出了在已知法方向 W 的情况下构造分划直线的方法。这样就把问题归结为寻找法方向 W 的问题。

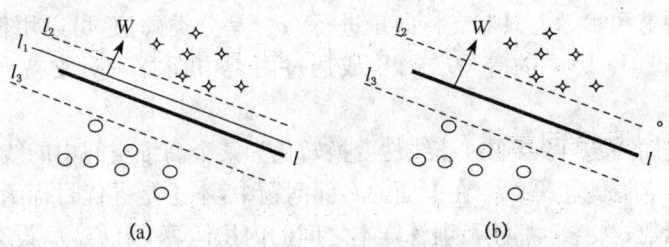

图 4-7 最优超平面示意图

图 4-7 中星形点和空心点分别代表两类样本,H 为分类线,H_1、H_2 分别为过各类中离分类线最近的样本且平行于分类线的直线,它们之间的距离叫做分类间隔(margin)。所谓最优分类线,就是要求分类线不但能够将两类正确分开,而且使分类间隔最大。分类线方程为 $x \cdot w + b = 0$,我们可以对它进行归一化,使得对线性可分的样本集:

$$(x_i, y_i), i = 1, \cdots, n, x \in R^d, y \in \{+1, -1\}, \text{满足} \quad (4-1)$$
$$y_i [(w \cdot x_i) + b] - 1 \geqslant 0, i = 1, \cdots, n$$

此时分类间隔等于 $2/\|w\|$,所以使间隔最大等价于使 $\|w\|^2$ 最小。满足条件式(4-1)且使 $\frac{1}{2}\|w\|^2$ 最小的超平面就叫做最优超平面,H_1、H_2 上的训练样本点就称作支持向量。

　　利用拉格朗日优化方法可以把上述最优超平面问题转化为其对偶问题,即:在约束条件

$$\sum_{i=1}^{n} y_i \alpha_i = 0 \qquad\qquad (4\text{-}2)$$

和

$$\alpha_i \geqslant 0 \quad i = 1, \cdots, n \qquad\qquad (4\text{-}3)$$

下对 α_i 求解下列函数的最大值:

$$Q(\alpha) = \sum_{i=1}^{n} \alpha_i - \frac{1}{2} \sum_{i,j=1}^{n} \alpha_i \alpha_j y_i y_j (x_i \cdot x_j) \qquad\qquad (4\text{-}4)$$

　　α_i 为原问题中与每个约束条件式(4-1)对应的拉格朗日乘子。这是一个不等式约束下二次函数寻优问题,存在唯一解。容易证明,解中将只有一部分 α_i 不为零,对应的样本就是支持向量。解上述问题后得到的最优分类函数是:

$$f(x) = \mathrm{sgn}\{(w \cdot x) + b\} = \mathrm{sgn}\Big\{ \sum_{i=1}^{n} \alpha_i^* y_i (x_i \cdot x) + b^* \Big\} \qquad (4\text{-}5)$$

　　式中的求和实际上只对支持向量进行。b^* 是分类阈值,可以用任一个支持向量[满足式(4-1)中的等号]求得,或通过两类中任意一对支持向量取中值求得。

　　对非线性问题,可以通过非线性变换转化为某个高维空间中的线性问题,在变换空间中求最优超平面。在上面的对偶问题中,不论是寻优目标函数式(4-4)还是分类函数式(4-5)都涉及训练样本之间的内积运算 $(x_i \cdot x_j)$。设有非线性映射 $\Phi: R^d \rightarrow H$ 将输入空间的样本映射到高维的特征空间 H 中。当在特征空间 H 中构造最优超平面时,训练算法仅使用空间中的点积,即 $\Phi(x_i \cdot x_j)$,而没有单独的 $\Phi(x_i)$ 出现。因此,如果能够找到一个函数 K 使得 $k(x_i, x_j) = \Phi(x_i) \cdot \Phi(x_j)$,这样,在高维空间实际上只需要进行内积运算,而这种内积运算是可以用原空间中的函数实现的,甚至没有必要知道变换 Φ 的形式。因此,在最优超平面中采用适当的内积函数 $k(x_i, x_j)$ 就可以实现某一非线性变换后的线性分类,而计算复杂度却没有增加,此时目标函数式(4-4)变为:

$$Q(\alpha) = \sum_{i=1}^{n} \alpha_i - \frac{1}{2} \sum_{i,j=1}^{n} \alpha_i \alpha_j y_i y_j K(x_i, x_j) \qquad\qquad (4\text{-}6)$$

　　而相应的分类函数变为:

$$f(x) = \mathrm{sgn}\Big[\sum_{i=1}^{n} \alpha_i^* y_i K(x_i, x) + b^* \Big] \qquad\qquad (4\text{-}7)$$

这就是支持向量机。

如果希望在经验风险和推广性能之间求得某种均衡,可以通过引入正的松弛因子 ξ_i 来允许错分样本的存在。这时,约束式(4-1)变为:

$$y_i[(w \cdot x_i) + b] - 1 + \xi_i \geqslant 0 \qquad i = 1, \cdots, n \qquad (4-8)$$

而在目标(最小化 $\frac{1}{2} \| w \|^2$)中加入惩罚项 $C \sum_{i=1}^{n} \xi_i$,C 为正则化算子,这样,对偶问题可以写成:

$$Q(\alpha) = \sum_{i=1}^{n} \alpha_i - \frac{1}{2} \sum_{i,j=1}^{n} \alpha_i \alpha_j y_i y_j K(x_i, x_j) \qquad (4-9)$$

限制条件:

$$\sum_{i=1}^{n} y_i \alpha_i = 0 \quad 0 \leqslant \alpha_i \leqslant C \quad i = 1, \cdots, n \qquad (4-10)$$

这就是支持向量机方法的最一般表达方式。

支持向量机通过函数 Φ 将实际问题通过非线性变换转到高维特征空间。在高维空间中构造线性判别函数来实现原空间中的非线性判别函数。支持向量机在高维空间中寻找线性分隔超平面使线性分隔最大。$K(x_i, x_j) \equiv \Phi(x_i)^T \Phi(x_j)$ 被称为核函数。常用的核函数包括以下 4 种:

(1) 线性函数(linear):$K(x_i, x_j) = x_i^T x_j$。

(2) 多项式函数(polynomial):$K(x_i, x_j) = (\gamma x_i^T x_j + r)^d$,$\gamma > 0$。

(3) 径向基函数(radial basis function):$K(x_i, x_j) = \exp(-\gamma \| x_i - x_j \|^2)$,$\gamma > 0$ 为间隔松弛向量。

(4) S 形函数(sigmoid):$K(x_i, x_j) = \tanh(\gamma x_i^T x_j + r)^d$。

4.3.2 贝叶斯网络

贝叶斯使用的数学方法是条件概率和无条件概率的组合。

定义 4.1 贝叶斯定理(或称贝叶斯法则)。假设 h_1 和 h_2 是 2 个假设,两者必有一个成立,但不能同时成立。设 x_i 为可观测事件。

$$P(h_1 \mid x_i) = \frac{P(x_i \mid h_1) P(h_1)}{P(x_i \mid h_1) P(h_1) + P(x_i \mid h_2) P(h_2)}$$

这里 $P(h_1 \mid x_i)$ 称为后验概率,而 $P(h_1)$ 是假设 h_1 的先验概率。$P(x_i)$ 是出

现 x_i 的概率。$P(x_i \mid h_1)$ 是 x_i 元组满足给定假设的条件概率。

当存在 m 种不同的假设时,有:

$$P(x_i) = \sum_{j=1}^{m} P(x_i \mid h_j) P(h_j)$$

因此　　　　　　　$$P(h_1 \mid x_i) = \frac{P(x_i \mid h_1) P(h_1)}{P(x_i)}$$

贝叶斯法则允许为给定的一个数据值指定一个假设的概率值 $P(h_j \mid x_i)$。这里讨论的是元组,而实际问题中 x_i 可以是属性值,也可以是其他数据标签。h_j 可以是属性值、属性值的集合(如范围),甚至一些属性值的集合。

【例 4.3】　假设批准信用贷款问题与四种假设有关:$H = \{h_1, h_2, h_3, h_4\}$,其中 $h_1 =$ 获得批准,$h_2 =$ 进一步鉴定后批准,$h_3 =$ 不予批准;$h_4 =$ 不予批准并报警。这个例子的训练数据如表 4-2 所示。

表 4-2

信用贷款问题训练数据

ID	收入水平	信用等级	类	x_i
1	2	非常好	h_1	x_4
2	3	好	h_1	x_7
3	2	非常好	h_1	x_2
4	3	好	h_1	x_7
5	4	好	h_1	x_8
6	2	非常好	h_1	x_2
7	3	差	h_2	x_{11}
8	2	差	h_2	x_{10}
9	3	差	h_3	x_{11}
10	1	差	h_4	x_9

从这些训练数据中可以发现 $P(h_1) = 60\%$,$P(h_2) = 20\%$,$P(h_3) = 10\%$,$P(h_4) = 10\%$。为了进行预测,领域专家确定考查的属性是收入和信用等级。假设收入 I 分为 [0, \$1\,000)、[\$10\,000, \$50\,000)、[\$50\,000, \$100\,000) 和 [\$100\,000, \infty) 4 个等级范围,依次为 1,2,3,4;信用等级分为非常好、好和差 3 个级别。将收入和信用等级联合起来就能够得到数据空间中的 12 个值:$D = \{x_1, \cdots, x_{12}\}$。这 12 个值和两种属性的关系如表 4-3 所示。

表 4-3

x_i 的 含 义

	1	2	3	4
非常好	x_1	x_2	x_3	x_4
好	x_5	x_8	x_7	x_8
差	x_9	x_{10}	x_{11}	x_{12}

表 4-2 的最后一列指出了该元组对应哪个 x_i，根据该列可以计算出 $P(x_i \mid h_j)$ 和 $P(x_i)$。以 h_1 为例来说明这个过程。训练集中有 6 个元组属于 h_1 类。由 x_i 在这 6 个元组上的分布可以得到：$P(x_7 \mid h_1) = 2/6$，$P(x_4 \mid h_1) = 1/6$，$P(x_2 \mid h_1) = 2/6$，$P(x_8 \mid h_1) = 1/6$，$P(x_9 \mid h_1) = P(x_{10} \mid h_1) = P(x_{11} \mid h_1) = 0$。假设要预测 x_4 所属的类别，那么就需要找到每个 h_j 所对应的 $P(h_j \mid x_4)$。然后将 x_4 分配到 $P(h_j \mid x_4)$ 值最大的那个 h_j 类中。根据贝叶斯法则：

$$P(h_1 \mid x_4) = \frac{P(x_4 \mid h_1)P(h_1)}{P(x_4)} = \frac{(1/6) \times 0.6}{0.1} = 1$$

所以将 x_4 分配到 h_1 类中。

贝叶斯法则指出，如果已知一个假设 H 和关于假设 E 的证据，那么可以使用下面的公式来计算 H 的概率：

$$P(H \mid E) = \frac{P(E \mid H)P(H)}{P(E)}$$

这个公式简单地描述了给出证据的某一假设的概率等于该假设在给出证据的情况下的概率乘以该假设的概率，然后再规范化它们的乘积。

【例 4.4】 尝试猜测 2002 年美国国会会议中的某一议员的党籍，而且没有用来辅助预测的附加信息。假设当年在美国众议院当中共和党员的数量比民主党员的数量多（51%：49%），这时最好的预测方法当然是预测某议员是共和党员。在贝叶斯网络中，这种无条件概率称为一个假设的先验概率，可以写为 $P(H)$。在这个事例中，令 $h_1 =$ 民主党 D；$h_2 =$ 共和党 R，则 $P(h_1) = 49\%$，$P(h_2) = 51\%$。

除此之外，如果我们知道所有美国众议院成员的投票记录和需要预测议员的投票记录，则可以增加预测的准确性。表 4-4 列出了 2002 年共和党和民主党针对所选择的 4 项议题的投票情况，D 表示民主党，R 表示共和党。表 4-4 中的数字列出了投票的计数，例如针对 Death Tax 议题，41 个民主党议员赞成，166 个民主党议员反对，表中给出了统计数据。针对此议题，赞成率为 41/211 =

19%,反对率为166/211＝79%,弃权率为4/211＝2%。表4-5给出了待预测党籍的议员的投票记录。

表4-4

美国众议院某投票数据

	Death Tax		Homeland Security		Help America Vote		Child Abduction		Num. of Party Members	
	D	R	D	R	D	R	D	R	D	R
赞成	41	214	87	211	184	172	178	210	211	223
反对	166	4	114	6	11	36	23	1		
弃权	4	5	10	6	16	15	10	12		
统计赞成(%)	19	96	41	95	87	77	84	94		
统计反对(%)	79	2	54	3	5	16	11	0		

表4-5

待预测党籍议员的投票记录

Death Tax	Homeland Security	Help America Vote	Child Abduction	Party
赞成	反对	赞成	赞成	?

朴素贝叶斯网络基于一个简单的假定:就目标变量而言,所有的属性视为相互独立。换句话说,观察联合属性的概率是单个属性概率的乘积。

在这个例子中,假定代表是民主党员,则所有证据的联合概率是每个议题概率的乘积。

$$P(E \mid h_1) = 19\% \times 54\% \times 87\% \times 84\% = 7.5\%$$
$$P(E \mid h_2) = 96\% \times 3\% \times 77\% \times 94\% = 2\%$$

于是　　　$P(E \mid h_1) \times P(h_1) = 7.5\% \times 49\% = 3.7\%$
　　　　　$P(E \mid h_2) \times P(h_2) = 2\% \times 51\% = 1\%$

根据贝叶斯法则,我们还需要计算证据的概率 $P(E)$,但这一步没有必要,因为我们考查的对象只有一个议员,作为分母 $P(E)$ 是相同的。对比之下,在已知该证据的条件下,该议员属于民主党的条件概率是其属于共和党的条件概率的3.7倍。

4.4 习　　题

1. 解释信息增益和信息增益率的含义。

2. 求[例 4.3]中每个 x_i 的正确分类。

3. 从 UCI 网站上下载一个你感兴趣的数据集,提取该数据集的 10 行至 20 行样本,使用决策树技术进行训练。

4. 从数字图书馆上下载一篇近 5 年内的主题为"决策树"的论文,阅读后总结文章的创新点。

5. 在网上搜索分类算法的实现代码或者工具。如 ID3 和 C4.5 的实现工具,使用该工具分析表 4-1 中数据集。

第 5 章

聚 类 分 析

5.1 聚 类 概 述

聚类分析是研究样品分类问题的一种多元统计方法。这里的多元统计是指多变量依据统计模型开展数据处理提取信息特征的方法总称。这里的类是指相似元素的集合。聚类分析起源于分类学。在远古的分类学中,人们主要依靠经验和专业知识来实现分类。

随着生产技术和科学的发展,人类的认识不断加深,分类越来越细,要求也越来越高,有时光凭经验和专业知识是不能进行确切分类的,往往需要定性和定量分析结合起来去分类,于是数学工具逐渐被引进分类学中,形成了数值分类学。后来随着多元分析的引进,聚类分析又逐渐从数值分类学中分离出来而形成一个相对独立的分支。

本书是这样区分分类分析和聚类分析的:聚类中的类不是预先定义的,而是根据实际数据的特征按照相似性来簇集而成的。所以,聚类分析常被称为一种无导师的学习。聚类中的类又被称为簇(cluster)。

在社会经济领域中存在着大量聚类问题,比如对我国 30 个省、市、自治区独立核算工业企业经济效益进行分析,一般不是逐个去分析,而是选取能反映企业经济效益的代表性指标(如百元固定资产实现利税、资金利税率、产值利税率、百元销售收入实现利润、全员劳动生产率等),然后根据这些指标对 30 个省、市、自治区进行聚类,然后根据聚类结果对企业经济效益进行综合评价,就易于得出科学的分析结果。又如,对某些大城市的物价指数进行考察,由于要考察的物价指数很多,有农用生产物价指数、服务项目价格指数、食品消费物价指数、建材零售价格指数等,通常先对这些物价指数进行聚类。

总之,需要聚类的问题很多,因此聚类分析这个有用的数学工具越来越受到人们的重视,它在环境监测、动植物生态系统、生物遗传学、互联网等众多领域中都得到了广泛的应用。聚类分析内容非常丰富,有层次聚类法、有序样品聚类法、动态聚类法、模糊聚类法、图论聚类法、均值聚类法、密度聚类法等。

5.2　相似性度量

事物与事物之间具有相似性。例如,某农场圈养了牛、羊等许多种动物,人们能够区分开一群羊、一群牛,缘于羊与羊之间的相似性,羊与牛之间的相异性。我们要学习的是如何定量地表示相似性。

为了将样品进行分类,就需要研究样品之间的关系。目前用得最多的方法有两个。一种方法是:用相似系数,性质越接近的样品,它们的相似系数的绝对值越接近 1,而彼此无关的样品,它们的相似系数的绝对值越接近于零。比较相似的样品归为

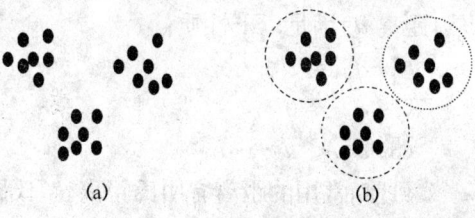

(a)　　　　　　　　(b)

图 5-1　聚类示意图

一类,不怎么相似的样品归为不同的类。另一种方法是:将一个样品看作 P 维空间的一个点,并在空间定义距离,距离越近的点归为一类,距离较远的点归为不同的类。但相似系数和距离有各种各样的定义,而这些定义与变量的类型关系极大,因此先介绍变量的类型。图 5-1 给出了一种聚类的示意图,图中黑点是 P 维空间的一个点。

由于实际问题中,遇到的指标有的是定量的(如长度、重量等),有的是定性的(如性别、职业等),因此将变量(指标)的类型按以下 3 种尺度划分:

(1) 间隔尺度:变量用连续的量来表示,如长度、重量、压力、速度等。

(2) 有序尺度:变量度量时没有明确的数量表示,而是划分一些等级,等级之间有次序关系,如某产品分上、中、下 3 等,此 3 等有次序关系,但没有数量表示。

(3) 名义尺度:变量度量时,既没有数量表示,也没有次序关系,如某物体有红、黄、白 3 种颜色,又如医学化验中的阴性与阳性等。

不同类型的变量,在定义距离和相似系数时,其方法有很大差异,使用时必须注意。研究比较多的是间隔尺度,因此本章主要给出间隔尺度的距离和相似系数的定义。

设有 n 个样品,每个样品测得 p 项指标(属性变量),原始资料阵为:

$$X = \begin{array}{c} \\ X_1 \\ X_2 \\ \vdots \\ X_n \end{array} \begin{array}{cccc} A_1 & A_2 & \cdots & A_p \\ \left[\begin{array}{cccc} x_{11} & x_{12} & \cdots & x_{1p} \\ x_{21} & x_{22} & \cdots & x_{2p} \\ \vdots & \vdots & & \vdots \\ x_{n1} & x_{n2} & \cdots & x_{np} \end{array}\right] \end{array}$$

其中 $x_{ij}(i=1,L,n;j=1,L,p)$ 为第 i 个样品的第 j 个指标的观测数据。第 i 个样品 X_i 为矩阵 X 的第 i 行所描述,所以任何两个样品 X_K 与 X_L 之间的相似性,可以通过矩阵 X 中的第 K 行与第 L 行的相似程度来刻画;任何两个变量 A_K 与 A_L 之间的相似性,可以通过第 K 列与第 L 列的相似程度来刻画。

如果把 n 个样品(X 中的 n 个行)看成 p 维空间中 n 个点,则两个样品间相似程度可用 p 维空间中两点的距离来度量。令 d_{ij} 表示样品 X_i 与 X_j 的距离。显然,距离 d_{ij} 满足以下性质:

(1) $d_{ij}=d_{ji}$

(2) $d_{ij}=0$

(3) $d_{ij}<d_{ik}+d_{kj}$

目前,常用的距离有明氏距离、兰氏距离和马氏距离。

5.2.1　明氏(Minkowski)距离

两个样品 X_i 与 X_j 的明氏距离定义如下:

$$d_{ij}=\Big(\sum_{a=1}^{p}|x_{ia}-x_{ja}|^{q}\Big)^{1/q}$$

当 $q=1$ 时:

$$d_{ij}=\sum_{a=1}^{p}|x_{ia}-x_{ja}|$$

该距离常被称为绝对距离。

当 $q=2$ 时:

$$d_{ij}=\Big(\sum_{a=1}^{p}(x_{ia}-x_{ja})^{2}\Big)^{1/2}$$

该距离常被称为欧几里得距离(简称欧氏距离)。

当 $q=\infty$ 时:

$$d_{ij}=\max_{1\leqslant a\leqslant p}|x_{ia}-x_{ja}|$$

该距离常被称为切比雪夫距离。

当各变量的测量值相差悬殊时,常需要使数据标准化(normalization),然后用标准化后的数据计算距离。标准化是对大量数据聚类分析之前常需要进行的一项重要的预处理工作。

明氏距离特别是其中的欧氏距离是人们较为熟悉的、也是使用最多的距离。但明氏距离存在不足之处,主要表现在以下 2 个方面:

1) 它没有考虑各指标的量纲

各指标的计量单位不同,数量则相同,如克与千克,毫米与米所导致的数量差异。如图 5-2 所示,同样的数据因量纲不同导致的不同聚类的结果。

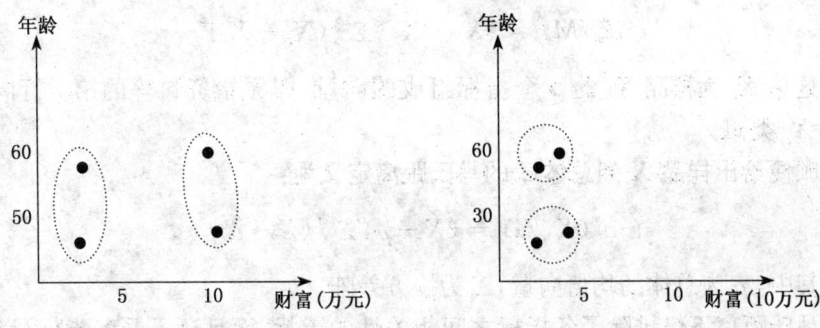

图 5-2　量纲导致的聚类差异示意图

2) 它没有考虑指标之间的相关性

以欧氏距离为例,从统计的角度上看,当一个向量的 n 个分量是不相关的且具有相同的方差,或者说各坐标对欧氏距离的贡献是同等的且变差大小也是相同的,这时使用欧氏距离才合适,效果也较好;否则,就有可能偏离实际情况,甚至导致错误结论。

5.2.2　兰氏(Canberra)距离

它是由 Lance 和 Williams 最早提出的,故称兰氏距离。

$$d_{ij}(L) = \frac{1}{p} \sum_{a=1}^{p} \frac{|x_{ia} - x_{ja}|}{x_{ia} + x_{ja}} \quad i, j = 1, \cdots, n$$

此距离仅适用于一切 $x_{ij} > 0$ 的情况,这个距离有助于克服各指标之间量纲的影响,但没有考虑指标之间的相关性。

5.2.3　马氏(Mahalanobis)距离

马氏距离是由印度统计学家马哈拉诺比斯于 1936 年引入的,故称为马氏距离。这一距离在多元统计分析中起着十分重要的作用,下面给出定义。

设 Σ 表示指标的协方差阵,即:

$$\Sigma = (\sigma_{ij})_{p \times p}$$

其中 $\sigma_{ij} = \frac{1}{n-1} \sum_{a=1}^{n} (x_{ai} - \bar{x}_i)(x_{aj} - \bar{x}_j)$,这里 $i, j = 1, \cdots, p$。

$$\overline{x}_i = \frac{1}{n} \sum_{a=1}^{n} x_{ai}, \ \overline{x}_j = \frac{1}{n} \sum_{a=1}^{n} x_{aj}$$

如果 Σ^{-1} 存在，则两个样品之间的马氏距离为：

$$d_{ij}^2(M) = (X_i - X_j)'\Sigma^{-1}(X_i - X_j)$$

这里 X_i 为样品 X_i 的 p 个指标组成的向量，即原始资料阵的第 i 行向量。样品 X_j 类似。

顺便给出样品 X 到总体 G 的马氏距离定义为：

$$d^2(X, G) = (X - \mu)'\Sigma^{-1}(X - \mu)$$

其中，μ 为总体的均值向量，Σ 为协方差阵。

马氏距离不仅排除了各指标之间相关性的干扰，而且还不受各指标量纲的影响。除此之外，它还有一些优点，如可以证明，将原数据作一线性交换后，马氏距离仍不变等。

【例 5.1】　已知一个二维正态母体 G 的分布为 $N\left(\begin{pmatrix} 0 \\ 0 \end{pmatrix}, \begin{pmatrix} 1 & 0.9 \\ 0.9 & 1 \end{pmatrix}\right)$，求

点 $A: \begin{pmatrix} 1 \\ 1 \end{pmatrix}$ 和 $B: \begin{pmatrix} 1 \\ -1 \end{pmatrix}$ 至均值点 $M: \vec{\mu} = \begin{pmatrix} 0 \\ 0 \end{pmatrix}$ 的距离。

解析：由题设，可得：

$$\Sigma = \begin{pmatrix} 1 & 0.9 \\ 0.9 & 1 \end{pmatrix}, \ \Sigma^{-1} = \frac{1}{0.19}\begin{pmatrix} 1 & -0.9 \\ -0.9 & 1 \end{pmatrix}$$

从而，马氏距离为：

$$d_M^2(A, M) = (1 \ \ 1)\Sigma^{-1}\begin{pmatrix} 1 \\ 1 \end{pmatrix} = \frac{0.2}{0.19}$$

$$d_M^2(B, M) = (1 \ \ -1)\Sigma^{-1}\begin{pmatrix} 1 \\ -1 \end{pmatrix} = \frac{3.8}{0.19}$$

它们之比达 $\sqrt{19}$ 倍。若用欧氏距离，则算得的距离值相同：

$$d_E^2(A, M) = 2, \ d_E^2(B, M) = 2$$

由分布函数可知，A、B 两点的概率密度分别为：

$$p(1, 1) = 0.215 \ 7$$

$$p(1, -1) = 0.000 \ 016 \ 58$$

计算任何两个样品 X_i 与 X_j 之间的距离 d_{ij}，其值越小表示两个样品接近程

度越大，d_{ij} 值越大表示两个样品接近程度越小。如果把任何两个样品的距离都算出来后，可排成距离阵 D：

$$D = \begin{bmatrix} d_{11} & d_{12} & \cdots & d_{1n} \\ d_{21} & d_{22} & \cdots & d_{2n} \\ \vdots & \vdots & \vdots & \vdots \\ d_{n1} & d_{n2} & \cdots & d_{nn} \end{bmatrix}$$

其中 $d_{11} = d_{22} = \cdots = d_{nn} = 0$。$D$ 是一个实对称阵，所以只需计算上三角形部分或下三角形部分即可。根据 D 可对 n 个点进行分类，距离近的点归为一类，距离远的点归为另一类。

5.3　层 次 聚 类 法

聚类分析的目标是聚类，那么什么叫类呢？由于客观事物的千差万别，在不同的问题中类的含义是不尽相同的，很难给类下一个严格的定义。我们给出如下形式化定义：

定义 5.1　设集合 S 中任意元素 x_i 与 x_j 间的距离 d_{ij} 有：

$$d_{ij} \leqslant h$$

其中 h 为给定的阈值，称 S 对于阈值 h 组成一类，也称为簇。

层次聚类法是聚类分析的基本方法。简单地说，该方法第一步将待聚类的 n 个对象看作是初始的 n 个簇队列，每簇包括一个对象。第二步计算簇间距离，将最小簇间距离的两簇聚为一个新簇，加入待聚类簇队列中，抹去被聚的两个簇。循环进行第二步，直到簇的个数满足要求为止。

5.3.1　最短距离法

如图 5-3(a) 所示，定义类 G_i 与 G_j 之间的距离为两簇中最近样品的距离，即：

$$D_{ij} = \min_{X_i \in G_i,\; X_j \in G_j} d_{ij}$$

如图 5-3(b) 所示，设簇 G_p 与 G_q 合并成一个新簇，记为 G_r，则任一簇 G_k 与 G_r 的距离是：

$$D_{kr} = \min_{X_i \in G_k,\; X_j \in G_r} d_{ij} =$$
$$\min\{ \min_{X_i \in G_k,\, X_j \in G_p} d_{ij},\; \min_{X_i \in G_k,\; X_j \in G_q} d_{ij} \} =$$
$$\min\{ D_{kp},\; D_{kq} \}$$

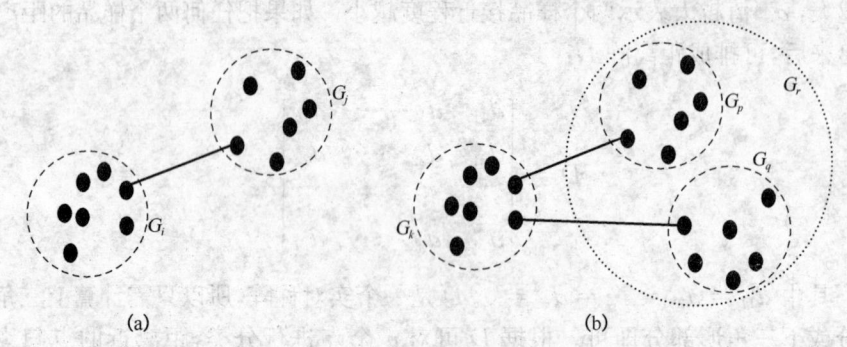

图 5-3　最短距离法示意图

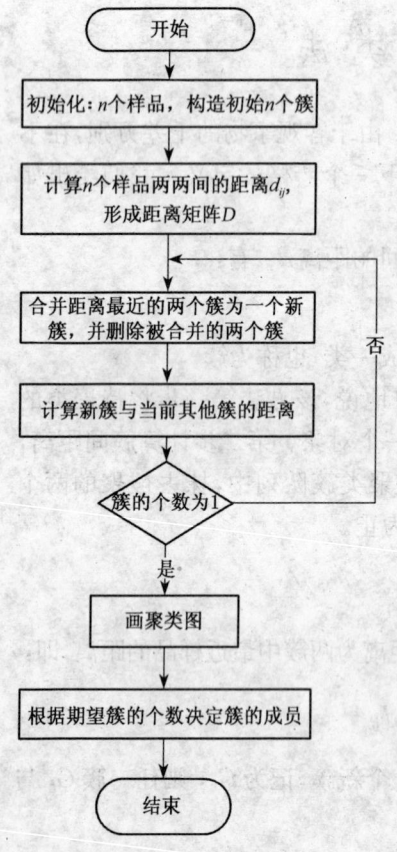

图 5-4　最短距离法聚类流程示意图

最短距离法聚类的流程图如图 5-4 所示。

解释如下：

（1）定义样品之间距离，计算样品两两距离，得一距离阵记为 $D_{(0)}$，开始每个样品自成一簇，显然这时 $D_{ij} = d_{ij}$。

（2）找出 $D_{(0)}$ 的非对角线最小元素，设为 D_{pq}，则将 G_p 和 G_q 合并成一个新簇，记为 G_r，即 $G_r = \{G_p, G_q\}$。

（3）给出计算新簇与其他簇的距离公式：$D_{kr} = \min\{D_{kp}, D_{kq}\}$，将 $D_{(0)}$ 中第 p、q 行及第 p、q 列用上面公式并成一个新行新列，新行新列对应 G_r，所得到的矩阵记为 $D_{(1)}$。

（4）对 $D_{(1)}$ 重复上述对 $D_{(0)}$ 的（2）、（3）两步得 $D_{(2)}$；如此下去，直到所有的元素并成一簇为止。如果某一步 $D_{(k)}$ 中非对角线最小的元素不止一个，则对应这些最小元素的簇可以同时合并。

5.3.2　最长距离法

定义簇 G_i 与簇 G_j 之间距离为两簇最远样品的距离，即：

$$D_{ij} = \max_{X_i \in G_i,\, X_j \in G_j} d_{ij}$$

最长距离法与最短距离法的并簇步骤完全一样,也是将各样品先自成一簇,然后将非对角线上最小元素对应的两簇合并。如图5-5所示。

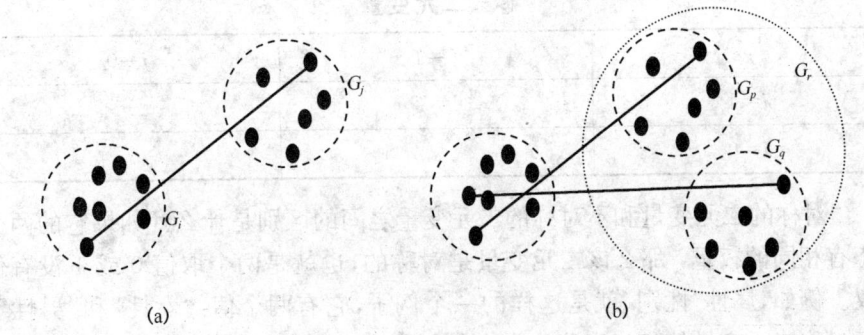

图 5-5 最长距离法示意图

设某一步将簇 G_p 与 G_q 合并为 G_r,则任一簇 G_k 与 G_r 的距离用最长距离公式为:

$$D_{kr} = \max_{X_i \in G_k, X_j \in G_r} d_{ij} =$$

$$\max\{ \max_{X_i \in G_k, X_j \in G_p} d_{ij}, \max_{X_i \in G_k, X_j \in G_q} d_{ij} \} =$$

$$\max\{ D_{kp}, D_{kq} \}$$

再找非对角线最小元素的两簇并类,直至所有的样品全归为一簇为止。

最长距离法与最短距离法只有两点不同:一是簇与簇之间的距离定义不同;二是计算新簇与其他簇的距离所用的公式不同。

5.3.3 二元变量度量

本小节介绍如何计算用二元变量描述的对象间的相似度。

一个二元变量只有两个状态:0 或 1,0 表示该变量为空,1 表示该变量存在。例如,给出一个描述病人的变量 smoker,1 表示病人抽烟,而 0 表示病人不抽烟。像处理区间标度变量一样来对待二元变量会误导聚类结果,所以要采用特定的方法来计算其相异度。

"那么,我怎样计算两个二元变量之间的相似度?"一个方法涉及对给定的数据计算相异度矩阵。如果假设所有的二元变量有相同的权重,我们得到一个两行两列的可能性表(见表5-1所示)。在表中,q 是对对象 i 和 j 值都为 1 的变量的数目,r 是在对象 i 中值为 1,在对象 j 中值为 0 的变量的数目,s 是在对象 i 中值为 0,在对象 j 中值为 1 的变量的数目,t 是在对象 i 和 j 中值都为 0 的变量的数目。变量的总数是 p，$p=q+r+s+t$。

表 5-1

零幺二元变量

	$j=1$	$j=0$
$i=1$	q	r
$i=0$	s	t

"对称的二元变量和不对称的二元变量之间的区别是什么?"如果它的两个状态有相同的权重,那么该二元变量是对称的,也就是两个取值 0 或 1 没有优先权。例如,属性"性别"就是这样的一个例子,它有两个值:"女性"和"男性"。基于对称二元变量的相似度称为恒定的相似度,即当一些或者全部二元变量编码改变时,计算结果不会发生变化。对恒定的相似度来说,评价两个对象 i 和 j 之间相异度的最著名的系数是简单匹配系数,其定义如下:

$$d(i,j) = (r+s) / (q+r+s+t)$$

如果两个状态的输出不是同样重要,那么该二元变量是不对称的。例如,一个疾病检查的肯定和否定的结果。根据惯例,我们将比较重要的输出结果,通常也是出现几率较小的结果编码为 1(例如,HIV 阳性),而将另一种结果编码为 0(例如,HIV 阴性)。给定两个不对称的二元变量,两个都取值 1 的情况(正匹配)被认为比两个都取值 0 的情况(负匹配)更有意义。因此,这样的二元变量经常被认为好像只有一个状态。基于这样变量的相似度被称为非恒定的相似度。对非恒定的相似度,最著名的评价系数是 Jaccard 系数,在它的计算中,负匹配的数目被认为是不重要的,因此被忽略。

$$d(i,j) = (r+s) / (q+r+s)$$

5.4　K-均值聚类算法

K-均值(K-mean)是一种迭代的聚类算法,迭代过程中不断地移动类中的成员直到得到理想的类为止。虽然算法的收敛准则不是基于平方误差来定义的,但它可以视为一种平方误差算法。利用 K-均值聚类算法得到的类,类中成员的相似性很高,不同类中成员之间的相异性也很高。给定类 $K_i = \{t_{i1}, t_{i2}, \cdots, t_{ij}\}$,则其均值定义为:

$$m_i = \frac{1}{m} \sum_{j=1}^{m} t_{ij}$$

在定义中假设每个元组仅有一个数值型的属性值,而不是多个属性值。K-均值算法要求定义的类均值是存在的。可以看出,上述定义和类的质心定义完全一致。该算法需要以期望的类的数目作为输入。下面算法描述了K-均值算法,注意类均值的初始值是任意分配的,可以随机分配也可以直接使用前K个成员的属性值。收敛性准则基于平方误差,也可以采用其他准则。例如,当没有元组或者极少量的元组被分配到不同的类中时,即可停止算法。也可以设置一个最大的迭代次数作为终止准则,从而保证部分不收敛的情况下也可以终止算法。

输入:
　　$D = \{t_1, t_2, \cdots, t_n\}$
　　K　　//期望的类的个数

过程:
　　初始化 k 个均值 $m_1, m_2, \cdots, m_k$,作为初始 k 个类;
　　Do
　　{ 将每个 t_i 分别分配到具有与均值最近距离的类中;
　　　计算每个类的新的均值;
　　}
　　Until 收敛准则满足。

输出:
　　K　　//簇

【例 5.2】　假设给定如下要进行聚类的元组:

$\{2, 4, 10, 12, 3, 20, 30, 11, 25\}$

并假设 $K = 2$。初始时用前两个数值作为簇的均值:$m_1 = 2$ 和 $m_1 = 4$。利用欧氏距离,可得 $K_1 = \{2, 3\}$ 和 $K_2 = \{4, 10, 12, 20, 30, 11, 25\}$。数值 3 与两个均值的距离相等,所以可以任意地选择 K_1 作为其所属的簇。在这种情况下,可以进行任意指派。计算均值可得 $m_1 = 2.5$ 和 $m_1 = 16$。重新对簇中的成员进行分配可得:

$$K_1 = \{2, 3, 4\} \quad 和 \quad K_2 = \{10, 12, 20, 30, 11, 25\}$$

再不断重复这个过程,直到收敛。如表 5-2 所示。

表 5-2

K-均值过程

m_1	m_2	K_1	K_2
3	18	{2, 3, 4, 10}	{12, 20, 30, 11, 25}
4.75	19.5	{2, 3, 4, 10, 11, 12}	{20, 30, 25}
7	25	{2, 3, 4, 10, 11, 12}	{20, 30, 25}

　　由表 5-2 可以看出,最后两步中簇的成员是一致的,所以均值不再变化。也就是说,均值收敛了。所以该数据的两个簇是:

$$K_1 = \{2, 3, 4, 10, 11, 12\} \quad \text{和} \quad K_2 = \{20, 30, 25\}$$

　　K-均值算法的时间复杂性为 O(tkn)。其中 t 为迭代次数,利用 K-均值可以找到局部最优解,但是不能找到全局最优解。此外,K-均值的缺点表现在:①因均值定义在数值型属性值上,导致非数值型数据值不适用。②该算法发现的是形状为凸的簇,不能很好地处理异常点。一些 K-均值的变种研究旨在提高找到全局最优解可能性的途径,通常包括谨慎选择初始簇和初始均值。

5.5 习　　题

1. 简述聚类分析与分类分析的区别。

2. 如下给出一个数据样本,利用明氏距离计算样本之间的距离。

$A_1 \ A_2 \ A_3 \ A_4$

$\begin{array}{c} x_1 \\ x_2 \\ x_3 \\ x_4 \end{array} \begin{bmatrix} 3 & 4 & 5 & 6 \\ 3 & 5 & 3 & 5 \\ 4 & 5 & 4 & 5 \\ 6 & 5 & 4 & 3 \end{bmatrix}$

3. 运用层次聚类法聚类上面样本,要求簇的个数为 2。

第 6 章

数据挖掘的仿生技术

6.1　人工神经网络

科学研究前沿要抓住"非"、"智"两字。非即非线性、非定常、非经典和非一般。智即智能系统、智能数学、智能科学和智能方法。智能化是各门学科发展的趋势之一。虽然计算机的智慧远远无法与人类大脑相比,但是,研究和制造具有人类大脑智慧的计算机一直是人类的梦想。人工神经网络是基于人类大脑思维的探索和仿真而发展起来的一门学科。

人工神经网络简称为神经网络,就是通过对人脑的基本单元——神经元的建模和联结来探索模拟人脑神经系统功能的模型,并研制一种具有学习、联想、记忆和模式识别等智能信息处理功能的人工系统。早在 1943 年,心理学家 McCulloch 和数学家 Pitts 合作提出形式神经元的数学模型(称为 MP 模型),从此开创了神经科学理论研究的时代。1957 年 Rosenblatt 提出的感知器(perception)模型,它由阈值性神经元组成,试图模拟动物和人脑的感知和学习能力。1962 年 Widrow 提出了自适应线性元件,它是连续取值的线性网络,主要用于自适应系统,这与当时占主导地位的以顺序离散符号推理为基本特征的人工智能 AI 途径完全不同,因而引起了不少人的兴趣,同时也引起了很大的争议。神经网络几乎与 AI 同时起步,但 30 余年来却并未取得人工智能那样巨大的成功,中间经历了一段长时间的萧条。直到 20 世纪 80 年代,获得了关于人工神经网络切实可行的算法,以及以 Von Neumann 体系为依托的传统算法在知识处理方面日益显露出其力不从心后,人们才重新对人工神经网络发生了兴趣,才使神经网络理论得到复兴。目前在神经网络研究方法上已形成多个流派,最富有成果的研究工作包括多层网络 BP 算法、Hopfield 网络模型、自适应共振理论和自组织特征映射理论等。人工神经网络是在现代神经科学的基础上提出来的。它虽然反映了人脑功能的基本特征,但远不是自然神经网络的逼真描写,而只是它的某种简化抽象和模拟。

人工神经网络是由人工神经元互联组成的网络,它是从微观结构和功能上对人脑的抽象、简化,是模拟人的智慧的一条重要途径,反映了人脑功能的若干基本特征,如并行信息处理、学习、联想、模式分类、记忆等。一般而言,神经网络与经典计算方法相比,只有当常规方法解决不了或效果不佳时神经网络方法才能显示出其优越性,尤其对问题的机理不甚了解或不能用数学模型表示的系统(如故障诊断、特征提取和预测等问题),神经网络往往是最有利的工具。此外,神经网络对处理大量原始数据而不能用规则或公式描述的问题,表现出极大的灵活性和自适应性。

6.1.1　人脑神经元与神经元模型

人脑大约由 10^{11} 个神经元组成,如图 6-1 所示。神经信息传输过程是:

突触⇒树突⇒膜电位上升到阈值⇒细胞兴奋,产生神经冲突⇒通过轴突⇒突触扣结⇒传给另一个神经元

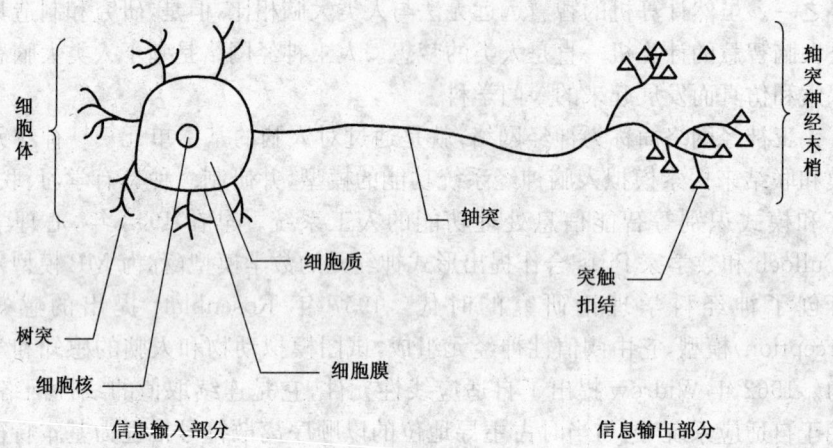

图 6-1　人脑神经元示意图

6.1.2　人工神经网络模型

图 6-2 给出人工神经元模型。神经元 K 的输入为 $x_1 \sim x_m$,阈值为 b_k ,联结权为 w_{ki} , $f(\cdot)$ 为神经元激励函数总加权输入:

$$v_k = \sum_{i=1}^{m} w_{ki} x_i - b_k = \sum_{i=0}^{m} w_{ki} x_i$$

$$x_0 = b_k , w_{k0} = -1$$

$$y_k = f(v_k)$$

输出：

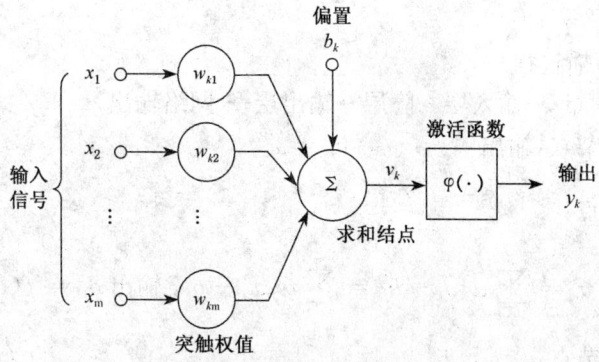

图 6-2　人工神经元模型示意图

神经元激励函数 $\varphi(\cdot)$ 可取多种函数，如连续可微非线性函数双曲 sigmoid。
神经元相互联结形成神经网络。神经元的联结方式导致不同网络结构，即
前向、反馈、网状和混合。

6.1.3　BP 网络的基本原理

BP 网络又称多层前向神经网络，具有单隐层的 BP 网络可以以任意精度逼
近任何非线性连续函数。例如，对于未知系统 $Y = F(X)$，$X = [x_1, x_2, \cdots,$
$x_n]$，$Y = [y_1, y_2, \cdots, y_m]$，$F(\cdot)$ 为映射关系，用神经网络对其建模。

首先，向网络提供训练例子，即样本数据对 $\{X^{(P)}, Y^{(P)}\}$，$P = 1, 2, \cdots, L$
（即共做过 L 次试验）；其次，确定网络模型与实际系统映射关系符合的程度，即
网络输出与系统输出之间允许的误差上限 ε；再次，网络学习：网络自动修正所
有权值 W，使网络输出接近系统输出，反复修正 W 直到对所有样本满足 ε。

BP 网络学习原理如下。

1）网络结构

输入层 n 个输入，输出层 m 个
输出，单隐层 r 个节点，函数 f，如
图 6-4 所示。

2）代价函数——度量网络模
型与系统符合的程度

$$E = \frac{1}{2} \sum_{k=1}^{m} (y_k - z_k)^2$$

其中，z_k 为网络输出层第 k 个

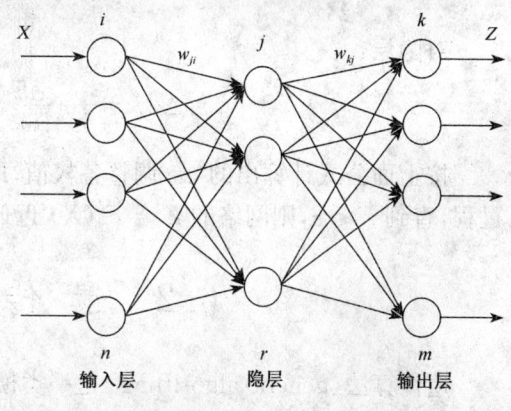

图 6-3　多层前向神经网络结构示意图

节点输出，y_k 为网络输出层第 k 个节点的理想输出，即系统第 k 个分量实际输出。

3) 正向传播过程

计算：输入量→ 输入层→隐层→输出层→ 网络输出

对输入层节点：输出 $o_i = x_i$

对隐层节点：

加权输入 $v_j = \sum_{i=1}^{n} w_{ji}o_i - b_j = \sum_{i=1}^{n} w_{ji}x_i - b_j$，输出 $o_j = f(v_j)$

对输出层节点：

加权输入 $v_k = \sum_{i=1}^{r} w_{kj}o_j - b_k$，输出 $o_k = f(v_k)$

网络输出 $z_k = o_k$

通过上述计算链，可算出目前权值下网络输出 z_k，根据代价函数公式可计算出系统误差 E；如 $E < \varepsilon$，则学习结束；如 $E > \varepsilon$，则转下一步。

4) 误差反向传播过程

总原则：调整权值使 E 减小（沿误差的负梯度方向调整）。

$$\Delta\omega = -\eta \cdot \frac{\partial E}{\partial \omega}$$

对输出层：

$$\Delta\omega_{kj} = -\eta \frac{\partial E}{\partial \omega_{kj}} = -\eta \frac{\partial E}{\partial z_k} \cdot \frac{\partial z_k}{\partial o_k} \cdot \frac{\partial o_k}{\partial v_k} \cdot \frac{\partial v_k}{\partial \omega_{kj}} =$$
$$\eta(y_k - z_k)f'(\cdot)o_j = \eta\hat{p}_k o_j$$

对隐层：

$$\Delta\omega_{ji} = -\eta \frac{\partial E}{\partial \omega_{ji}} = \eta\hat{p}_j o_i$$

按上面公式计算出的 $\Delta\omega$ 调整各权值，即可使 E 减小；循环执行上面 3)、4) 过程，直到 $E \leqslant \varepsilon$，则网络的 $Z = F'(X)$ 近似了系统的 $Y = F(X)$ 映射关系。

6.2 遗 传 算 法

遗传算法(genetic algorithms)是一类模拟生物进化的智能优化算法。它是由 J. H. Holland 于 20 世纪 60 年代提出的。

　　早在 20 世纪 50 年代就有将进化原理应用于计算机科学的努力,但缺乏一种普遍的编码方法,只能依赖于变异而非交配产生新的基因结构。20 世纪 50 年代末到 60 年代初,受一些生物学家用计算机对生物系统进行模拟的启发,Holland 开始应用模拟遗传算子研究适应性。1967 年,Bagley 在关于自适应下棋程序的论文中,应用遗传算法搜索下棋游戏评价函数的参数集,并首次提出了遗传算法这一术语。1975 年,Holland 出版了遗传算法历史上的经典著作《自然和人工系统中的适应性》,系统地阐述了遗传算法的基本理论和方法,并提出了模式定理(schemata theorem),证明在遗传算子选择、交叉和变异的作用下,具有低阶、短定义距以及平均适应度高于群体平均适应度的模式在子代中将以指数级增长,这里的模式是某一类字符串,其某些位置有相似性。同年,DeJong 完成了他的博士论文《遗传自适应系统的行为分析》,将 Holland 的模式理论与他的计算试验结合起来,进一步完善了选择、交叉和变异操作,提出了一些新的遗传操作技术。

　　目前,遗传算法已成为进化计算研究的一个重要分支。与传统优化方法相比,遗传算法的优点是:不必非常明确描述问题的全部特征,通用性和鲁棒性强,能很快适应问题和环境的变化;对领域知识依赖程度低,不受搜索空间限制性假设的约束,不必要求连续性、可导或单峰等。从多点进行搜索,如同在搜索空间上覆盖的一张网,搜索的全局性强,不易陷入局部最优;具有隐并行性,非常适合于并行计算。

　　遗传算法的基本过程是首先采用某种编码方式将解空间映射到编码空间,每个编码对应问题的一个解,称为染色体或个体。一般通过随机方法确定起始的一群个体,称为种群,在种群中根据适应值或某种竞争机制选择个体,使用各种遗传操作算子产生下一代,如此进化下去,直到满足期望的终止条件。

　　利用遗传算法解最优化问题,首先应对可行域中的点进行编码(一般采用二进制编码),然后在可行域中随机挑选一些编码,组成作为进化起点的第一代编码组,并计算每个解的目标函数值,也就是编码的适应度。接着就像自然界一样,利用选择机制从编码组中随机挑选编码作为繁殖过程前的编码样本。选择机制应保证适应度较高的解能够保留较多的样本;而适应度较低的解则保留较少的样本,甚至被淘汰。在接下去的繁殖过程中,遗传算法提供了交叉和变异两种算子对挑选后的样本进行交换。交叉算子交换随机挑选的两个编码的某些位,变异算子则直接对一个编码中的随机挑选的某一位进行反转。这样通过选择和繁殖就产生了下一代编码组。重复上述选择和繁殖过程,直到结束条件得到满足为止。进化过程最后一代中的最优解就是用遗传算法解最优化问题所得到的最终结果。

6.3　蚁　群　算　法

蚁群算法是优化领域的又一个新型的算法。该算法是由意大利学者 M. Dorigo、V. Maniez－zo、A. Colorini 等人首先提出的,称 为 蚁 群 系 统 (antcolonysystem)。该模型已成功应用于求旅行商问题(TSP)、二次指派问题、排序问题等 NP－困难的组合最优化问题,结果可与模拟退火、遗传算法等通用的启发式算法相媲美。蚁群算法和局部搜索算法相结合(称为混合蚁群算法)应用于解二次指派问题和排序问题,得到的结果可以与专用算法相媲美。受其影响,蚁群系统模型逐渐引起了其他研究者如 D. Costa 和 A. Hertz 的注意。

在 M. Dorigo 等人研究成果的基础上,提出了一种求解分配类型问题 (assignmenttypeproblem)的一般模型,并用来研究图的着色问题。G. Bilchev、I. C. Parmee 研究了求解连续空间优化问题的蚁群系统模型。

蚁群算法是模仿蚂蚁工作方式的一种新的启发式算法。生物学研究表明,一群互相协作的蚂蚁能够找到食物源和巢之间的最短路径,而单只蚂蚁则不能。蚂蚁间相互协作的方法是它们在所经过的路上留下一定数量的信息素(迹),该迹能被其他蚂蚁检测出来,一条路上的迹越多,其他蚂蚁将以越高的概率跟随此路径,从而该路径上的迹会被加强。蚂蚁算法如下所示。

```
Begin
初始化:
t← 0
iteration← 0 (iteration 为迭代步数)
将 m 个蚂蚁随机置于 n 个顶点上
Loop:
将所有蚂蚁的初始出发点置于当前解集中
for i←0 to n—1 do
for k←1 to m do
按概率 选择顶点 j
移动蚂蚁 k 至顶点 j
将顶点 j 置于蚂蚁 k 的当前解集
end for
```

t←t+1

end for

计算各蚂蚁的 L 个目标函数值

更新当前的理想解

计算各个解的满意度

置 t← t+1

重置所有 ← 0

iteration← iteration+1

若 iteration<预定的迭代次数

则 goto Loop

输出目前的最满意解

End

国内外学者对蚁群算法作了很多的研究,有的已经在某个领域得到成功应用。在国内期刊目前已有 400 余篇关于蚁群算法的相关论文。

6.4 习   题

1. 人工神经网络有哪些研究流派?
2. 从联结方式来看,人工神经网络有哪些网络结构?
3. 通过数字图书馆,查阅近 5 年国内外在仿生技术上的研究进展,给出 2 种新的仿生数据挖掘技术。
4. 选用 1 种高级语言,编程实现 BP 神经网络。

第 7 章

数据挖掘的集合论技术

在现实世界里,有许多不确定现象,不能用简单的是与不是、真与假来表示。例如,在上海市区,大连路是杨浦区与虹口区的边界之一,然而,作为边界,较难回答大连路的哪些部分属于杨浦区,哪些部分不属于杨浦区。往往在事物的边界上,存在一些个体,既不能说它们属于某个子集,也不能说它们不属于这个子集。再如,判断某人身高常用高和矮来形容,但往往高和矮这两个词也是一个模糊的现象,即到底多高定为高较难规定。

美国 Zadeh 教授与波兰 Pawlak 教授分别在 20 世纪 60 年代和 80 年代提出了模糊集概念和粗糙集概念,推动了集合论的深度发展。粗糙集技术和模糊集技术,在数据挖掘的分类分析、聚类分析等问题上有着重要的作用。

7.1　粗　糙　集　理　论

7.1.1　信息系统

定义 7.1　一个信息系统是一个四元组: $S = (U, A, V, f)$。其中,$U = \{x_1, x_2, \cdots, x_n\}$ 是一组对象的有限集合,U 称为论域;A 是属性的有限集合,它又可分为不相交的两个集合:条件属性集 C 和决策属性集 D,即 $A = C \bigcup D$,且 $C \bigcap D = \varnothing$;$V$ 是一组属性值的集合,$V = \bigcup_{a \in A} V_a$,$V_a$ 是属性 a 的值域;f 为信息函数,有 $\forall a \in A, x \in U \Rightarrow f(x, a) \in V_a$。

在很多决策应用中,数据集的属性可以划分为条件属性和决策属性,例如表 7-1 给出了一个含有决策属性的数据集。把这种含有决策属性的数据集称为决策表。从决策表中可以挖掘出用于预测的决策规则。粗糙集是适宜进行数据分类的数据挖掘技术。除此之外,用来挖掘决策规则的方法有很多,如决策树、人工神经网络、贝叶斯分类、支持向量机等。

定义 7.2　设 $U \neq \varnothing$ 是感兴趣的对象组成的有限集合,称为论域。任何子集 $X \subseteq U$ 称为 U 中的一个概念或范畴,空集也认为是一个概念,称为"空"概念,

则 U 中的一簇概念就称为关于 U 的知识。

表 7-1

含有决策属性的数据集

（条件属性） 天气	（条件属性） 温度	（条件属性） 湿度	（条件属性） 风力	（决策属性） 类
Overcast	Hot	High	Not	NoPlay
Overcast	Hot	High	Very	NoPlay
Overcast	Hot	High	Medium	NoPlay
Sunny	Hot	High	Not	Play
Sunny	Hot	High	Medium	Play
Rain	Mild	High	Not	NoPlay
…	…	…	…	…

定义 7.3　若 R 为 U 上的一个等价关系,用 $[x]_R$ 表示 x 关于 R 的等价类。

$$[x]_R = \{y \mid y \in U \wedge <x, y> \in R\}$$

定义 7.4　若 R 为 U 上的一个等价关系,R 的所有等价类构成的集合,称为商集,记作 U/R。

定义 7.5　设 $U \neq \varnothing$ 是论域,$C = \{X_1, X_2, \cdots, X_n\}$,使得 $X_i \subseteq U$, $X_i \neq \varnothing$, $X_i \bigcap X_j = \varnothing$,且 $\bigcup X_i = \varnothing$,则称 C 为 U 的一个划分,X_i 称为划分 C 的一个等价类。U 上的一簇划分,称为关于 U 的一个知识库。U 上的一个划分对应其上的一个等价关系 R,与商集 U/R 是等价的。每一个等价关系描述的是论域 U 上的某一个属性,即属性亦可看作一个等价关系。

定义 7.6　对于知识系统 $S = (U, A, V, f)$,$B \subseteq A$,定义 B 是 U 上的不可分辨关系 $Ind(B)$ 为:

$$Ind(B) = \{(x, y) \mid (x, y) \in U \times U, \forall a \in B \Rightarrow f(x, a) = f(y, a)\}$$

如果 $(x, y) \in Ind(B)$,则称 x 和 y 满足不可分辨关系。

这里 a 可以使单一属性,也可以是属性的组合。不可分辨关系实际上是一簇等价关系的交集,所以仍然是等价关系。也就是说,x 和 y 在同一个等价类中,按照等价关系簇形成的分类知识,x 和 y 无法区分。

【例 7.1】 表 7-2 是一张信息表。表中,论域 $U = \{x_1, x_2, x_3, x_4, x_5, x_6\}$,条件属性 $C = \{a, b, c\}$,决策属性 $D = \{d\}$。

$U/Ind(a) = \{\{x_4\}, \{x_2, x_3, x_5\}, \{x_1, x_6\}\}$ 是由条件属性 $\{a\}$ 决定的对

U 的划分。$U/Ind(a, b, c) = \{\{x_1\}, \{x_2, x_3\}\{x_4\}, \{x_5\}, \{x_6\}\}$ 是由条件属性 $\{a, b, c\}$ 决定的对 U 的划分。

表 7-2

信　息　表

U	条件属性 C			决策属性 D
	a	b	c	d
x_1	3	2	1	2
x_2	2	1	1	1
x_3	2	1	1	2
x_4	1	1	1	1
x_5	2	2	2	2
x_6	3	1	2	2

7.1.2　粗糙集

给定集合 $X \subseteq U$，其粗糙集定义通过集合的两个近似来描述。图 7-1 给出了集合 X 的下近似与边界域。X 的边界来自某地区的地理轮廓。图中每个正方形区域代表一个等价类。X 的下近似用深度栅格表示，X 的边界域用浅色网格表示。

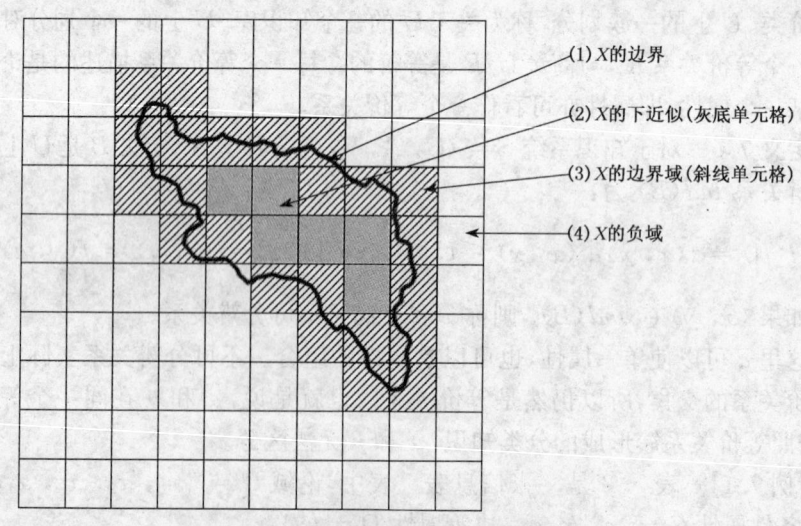

(1) X 的边界

(2) X 的下近似(灰底单元格)

(3) X 的边界域(斜线单元格)

(4) X 的负域

图 7-1　X 的下近似与边界域示意图

定义 7.7　X 的 R 下近似集为：

$$\underline{B}(X) = \{x \mid x \in U, [x]_R \subseteq X\}$$

显然，$\underline{B}(X)$ 是属于 X 的对象集合。

定义 7.8　X 的 R 上近似集为：

$$\overline{B}(X) = \{x \mid x \in U, [x]_R \bigcap X \neq \varnothing\}$$

定义 7.9　X 的 R 边界区域是：

$$B_R(X) = \overline{B}(X) - \underline{B}(X)$$

$B_R(X)$ 是不能明确判断属于 X，也不能明确判断不属于 X 的对象集合。

定义 7.10　X 的 R 正域为 $A_R^+(X) = \underline{B}(X)$。

定义 7.11　X 的 R 负域为 $A_R^-(X) = U - \overline{B}(X)$。

定义 7.12　若 $B_R(X) = \varnothing$，即 $\overline{B}(X) = \underline{B}(X)$，称 X 是 R 精确集，也称 X 是 R 可定义的。

定义 7.13　若 $B_R(X) \neq \varnothing$，即 $\overline{B}(X) \neq \underline{B}(X)$，称 X 是 R 粗糙集，也称 X 是 R 不可定义的。

因此，令 $X \subseteq U$，R 为 U 上的一个等价关系。当 X 是 R 精确集，则 X 能表达成某些 R 基本类的并集；否则，当 X 是 R 粗糙集，则 X 不能表达成某些 R 基本类的并集。

7.1.3　属性约简

属性约简是粗糙集理论中一项重要内容，也成为数据挖掘中预处理阶段的一项重要技术。通过对数据集的条件属性进行简化，使得简化后的信息表具有与简化前的信息表相同的决策功能，但条件属性的数目得到了减少。

属性约简在粗糙集技术中十分重要，它反映了一个决策系统的本质。通过对属性集合的约简，可以保证简化后的决策系统具有与原先系统一样的分类能力。通常，一个属性集合可以有不止一种约简，然而，因为属性组合的爆炸问题，找出决策表的最小约简是一个 NP 难问题。

7.2　模　糊　集　理　论

7.2.1　3 次数学危机与模糊数学的诞生

从公元前 5 世纪，到 20 世纪上半叶，数学的发展经历了 3 次大的危机。每一次危机推动数学科学发生飞跃式发展,并带动其他科学产业发生革命性变化。发生在公元前 5 世纪的第一次数学危机是毕达哥拉斯悖论,其影响之一是无理数的产生,影响之二是公理几何学与逻辑学的诞生。发生在 18 世纪的第二次数学危机是贝克莱悖论,即大主教 Berkeley 关于无穷小的质疑。这一危机通过 Cantor 的 ε-δ 方法避开实无限、Dedekind 证明极限论的基本定理、Cauchy 的极限理论和 Newton 的无穷小基础上变量计算才得以解决。第三次数学危机发生在 20 世纪初,其悖论之一是罗素悖论,它动摇了整个数学大厦,公理集合论的许多公理受到质疑,到现在为止,还没有解决到令人满意的程度。

再来看模糊数学的诞生。20 世纪 30 年代,数学的发展被划分成 3 个阶段:①数学是数、量、几何图形的科学。②数学是研究量的变化和几何图形变换的科学。③数学是作为关于现实世界一切普遍性的数量形式和空间形式的科学。

近代科学技术的发展同精确数学方法的发展和应用是密切相关的,牛顿力学为其经典。到了 19 世纪,天文、力学、化学等理论自然科学先后在不同程度上走向定量化、数学化,形成一个被称为"精密科学"的学科群。大量使用数学方法,反过来又推动了数学的巨大进步。19 世纪是精确科学方法飞速发展的时期。

20 世纪以来,精确数学及其应用以更大的规模和速度发展着。相对论、量子力学、分子生物学、原子能、电子计算机和空间技术等邻域的创建和开发为精确方法奏响了一曲又一曲的凯歌,但也进一步助长了对精确方法的盲目崇拜。人们愈加相信,一切都应当精确化,只有现在还没有实现精确化的问题,没有不需要或不可能精确化的问题。

科学方法论中的这种绝对化的观点,也反映在哲学中。例如,一些分析哲学家提倡把一切概念,包括日常用语都加以精确化,这种现象的发生是值得深思的。实践是检验真理的唯一标准,任何理论上的片面性和绝对化,迟早会在实践中暴露其错误而得到纠正。

人脑的思维活动一般说来具有两方面的特征:

(1) 直觉性跟严格性的有机结合,可以进行整体性和平行性的思考,例如联想过程,这些是具有模糊性的。

(2) 逻辑推理过程,它具有逻辑和顺序的特点,因而又是形式化的。

关于形式化思维,可以用数理逻辑的方法把它数学化,这样就能把它变成一系列的数学符号,可以用计算机去解。最突出的成果就是 1976 年美国人阿贝尔和哈肯利用电子计算机解决有名的数学难题——四色问题,这一难题的解决使不少人惊叹:这简直是电脑对人脑的嘲弄!

然而,从另一个角度来看,比如看电视的时候,要把图像调得"更清楚一些",

把声音调得"小一些",或者,说一个人比另一个人更好看一些或更丑一些,这对于人来说是件容易的事,但是对于电脑来说,却是个大难题。从这个角度来说,电脑的"智力"还不如一个小孩子。

为什么会出现这样的情况呢?

因为用传统数学的方法处理模糊事物,首先要求将对象简化,舍弃对象固有的模糊性,在本来没有明确界限的对象之间人为地设定界限,变模糊数量关系为清晰数量关系。例如,西瓜因大小不同而价格不等,但大瓜与小瓜并无天然的界限,人为地规定3千克以上者为大瓜,3千克以下者为小瓜,就有了区分大小瓜的精确判据。对于模糊性较弱的事物,或者日常生活的简单话题,这样处理是许可的、方便的。但人为地划定界限毕竟是对本来相互联系的食物的性质的一种歪曲,特别是在分界线附近,这种描述的失真性更明显。当研究的对象相当复杂时,这种处理方法便不适用了。

1965 年,美国自动控制论专家,加利福尼亚大学 Zadeh 教授根据动作中的体会写出了《模糊集合》一文,开始用数学的观点来刻画模糊事物,这标志着模糊数学这门新学科的诞生。Zadeh 因此被誉为模糊集之父。

模糊数学绝不是把已经很精确的数学变得模糊,反而是用精确的数学方法来处理过去无法用精确数学描述的模糊事物。

7.2.2　模糊集合论的基础知识

模糊概念不能用普通集合来描述,是因为不能绝对地区别"属于"或"不属于",而只能问属于的程度,就是论域上的元素符合概念的程度不再是绝对的 0 或 1,而是介于 0 和 1 之间的一个实数。Zadeh 在 1965 年给出的定义如下。

定义 7.14　从论域 U 到闭区间 $[0,1]$ 的任意一个映射:$\underset{\sim}{A}:U \rightarrow [0,1]$,对任意 $x \in U$, $x \xrightarrow{A} \underset{\sim}{A}(x)$, $\underset{\sim}{A}(x) \in [0,1]$,那么 $\underset{\sim}{A}$ 叫做 U 的一个模糊子集,$\underset{\sim}{A}(x)$ 叫做 x 的隶属函数,也记作 $\mu_{\underset{\sim}{A}}(x)$。

根据定义,我们知道所谓模糊集合,实质上是论域 U 到 $[0,1]$ 上的一个映射,而对于模糊子集的运算,实际上可以转换称为对隶属函数的运算:

$$\underset{\sim}{A} = \varnothing \Leftrightarrow \mu_{\underset{\sim}{A}}(x) = 0, \ \underset{\sim}{A} = U \Leftrightarrow \mu_{\underset{\sim}{A}}(x) = 1$$

$$\underset{\sim}{A} \subseteq \underset{\sim}{B} \Leftrightarrow \mu_{\underset{\sim}{A}}(x) \leqslant \mu_{\underset{\sim}{B}}(x), \ \underset{\sim}{A} = \underset{\sim}{B} \Leftrightarrow \mu_{\underset{\sim}{A}}(x) = \mu_{\underset{\sim}{B}}(x)$$

$$\overline{\underset{\sim}{A}} \Leftrightarrow \mu_{\overline{\underset{\sim}{A}}}(x) = 1 - \mu_{\underset{\sim}{A}}(x)$$

$$\underset{\sim}{A} \cup \underset{\sim}{B} = \underset{\sim}{C} \Leftrightarrow \mu_{\underset{\sim}{C}}(x) = \max[\mu_{\underset{\sim}{A}}(x), \mu_{\underset{\sim}{B}}(x)]$$

$$A \bigcap_{\sim} B = D \Leftrightarrow \mu_D(x) = \min[\mu_A(x), \mu_B(x)]$$

假设给定有限论域 $U = \{a_1, a_2, \cdots, a_n\}$，Zadeh 给出 U 上一个模糊子集 A 表示法：

$$A = \frac{\mu_A(a_1)}{a_1} + \frac{\mu_A(a_2)}{a_2} + \cdots + \frac{\mu_A(a_i)}{a_i} + \cdots + \frac{\mu_A(a_n)}{a_n}$$

其中 $a_i \in U$（$i = 1, 2, \cdots, n$）为论域里的元素，$\mu_A(a_i)$ 是 a_i 对 A 的隶属函数，$0 \leqslant \mu_A(a_i) \leqslant 1$。上式表示一个有 n 个元素的模糊子集。"$+$" 称为 Zadeh 记号，注意不是求和。

【例 7.2】 设论域 $E = \{x_1, x_2, x_3, x_4, x_5\}$ 是 5 个物体。如图 7-2 所示。

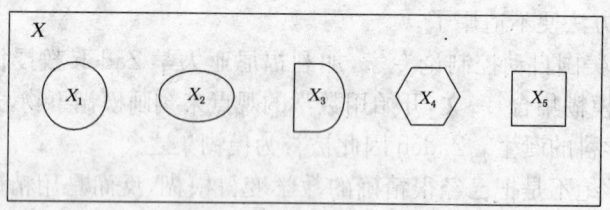

图 7-2　模糊集"圆块块"论域示意图

模糊集 A 是"圆块块"。

$$A = \frac{1}{x_1} + \frac{0.75}{x_2} + \frac{0.5}{x_3} + \frac{0.15}{x_4} + \frac{0}{x_5}$$

而模糊集 B 是"方块块"。

$$B = \frac{0}{x_1} + \frac{0}{x_2} + \frac{0.5}{x_3} + \frac{0.7}{x_4} + \frac{1}{x_5}$$

意思是 x_1, x_2, x_3, x_4, x_5 对模糊子集 A 的隶属度分别是 $1, 0.75, 0.5,$ $0.15, 0$；对模糊子集 B 的隶属度分别是 $0, 0, 0.5, 0.7, 1$。

【例 7.3】 设以人的岁数作为论域 $U = [0, 120]$，单位是"岁"，那么"年轻"是 U 上的模糊子集。隶属函数如下：

$$\mu_A(u) = \text{"年轻"}(u) = \begin{cases} 1 & (0 < u \leqslant 25) \\ \left[1 + \left(\frac{u-25}{5}\right)^2\right]^{-1} & (25 < u < 120) \end{cases} \quad (7\text{-}1)$$

式(7-1)表示：不大于 25 岁的人，对子集"年轻"的隶属函数值是 1，即一定属于这一子集;而大于 25 岁的人,对子集"年轻"的隶属函数值按 $\left[1+\left(\dfrac{u-25}{5}\right)^2\right]^{-1}$ 来计算。例如,40 岁的人,隶属函数值 $\mu_{\underset{\sim}{A}}(u=40)=\left[1+\left(\dfrac{40-25}{5}\right)^2\right]^{-1}=0.1$。

模糊子集的隶属函数值的确定通常是根据经验或统计,常常带有主观性,但大家也较容易接受。

7.2.3　λ 截集和支集

【例 7.4】　某医生今天给 5 个发烧病人看病,设为 $\{x_1,x_2,x_3,x_4,x_5\}$,其体温分别为:38.9℃,37.2℃,37.8℃,39.2℃,38.1℃。医生在统计表上就可以这样写:

37℃ 以上的 5 人,$\{x_1,x_2,x_3,x_4,x_5\}$

38℃ 以上的 3 人,$\{x_1,x_4,x_5\}$

39℃ 以上的 1 人,$\{x_1\}$

如果规定 37.5℃ 以下的不算高烧,问有多少高烧病人? 医生就可以回答:$\{x_1,x_3,x_4,x_5\}$,但所谓"高烧"实际上是一个模糊概念,它存在程度上的不同,也就是说要用隶属函数来描述。如果根据医师的经验规定,对"高烧"来说:

体温 39℃ 以上的隶属函数 $\mu(x)=1$

体温 38.5℃ 以上不到 39℃ 的隶属函数 $\mu(x)=0.9$

体温 38℃ 以上不到 38.5℃ 的隶属函数 $\mu(x)=0.7$

体温 37.5℃ 以上不到 38℃ 的隶属函数 $\mu(x)=0.4$

体温 37.5℃ 以下的隶属函数 $\mu(x)=0$

我们用模糊集合来处理这个问题。

设 $\underset{\sim}{A}=\dfrac{0.9}{x_1}+\dfrac{0}{x_2}+\dfrac{0.4}{x_3}+\dfrac{1}{x_4}+\dfrac{0.7}{x_5}$,现在如果问:隶属函数 $\mu_{\underset{\sim}{A}}(x)\geqslant 0.9$ 的有哪些人,用 $A_{0.9}$ 来表示这一集合,则 $A_{0.9}=\{x_1,x_4\}$。同理,$A_{0.8}=\{x_1,x_4\}$,$A_{0.6}=\{x_1,x_4,x_5\}$,$A_{0.4}=\{x_1,x_3,x_4,x_5\}$。

一般地,用 A_{λ} 表示 $\mu_{\underset{\sim}{A}}(x)\geqslant\lambda$ 的集合,这个集合就叫 λ 截集或 λ 水平集。

$$A_{\lambda}=\{x\mid\mu_{\underset{\sim}{A}}(x)\geqslant\lambda,\ x\in X\}$$

支集用 Supp A 表示,定义为 $\text{Supp } A=\bigcup A_{\lambda}=\{x\mid\mu_{\underset{\sim}{A}}(x)>0,\ x\in X\}$,即所有 λ > 0 的 λ 截集的并集,本例中即为所有高烧病人。

【例 7.5】　假设某年龄的取值集合为:$U=\{50$ 岁,45 岁,40 岁,35 岁,30 岁,25 岁$\}$。

模糊集"青年"可表示为：

$A = 0/50 岁 + 0.1/45 岁 + 0.3/40 岁 + 0.5/35 岁 + 0.9/30 岁 + 1/25 岁$

A 的不同的水平截集为：

$\alpha = 0, A_0 = \{50 岁, 45 岁, 40 岁, 35 岁, 30 岁, 25 岁\}$

$\alpha = 0.1, A_{0.1} = \{45 岁, 40 岁, 35 岁, 30 岁, 25 岁\}$

$\alpha = 0.2, A_{0.2} = \{40 岁, 35 岁, 30 岁, 25 岁\}$

$\alpha = 0.3, A_{0.3} = \{40 岁, 35 岁, 30 岁, 25 岁\}$

$\alpha = 0.5, A_{0.5} = \{35 岁, 30 岁, 25 岁\}$

$\alpha = 0.7, A_{0.7} = \{30 岁, 25 岁\}$

$\alpha = 0.9, A_{0.9} = \{30 岁, 25 岁\}$

$\alpha = 1, A_1 = \{25 岁\}$

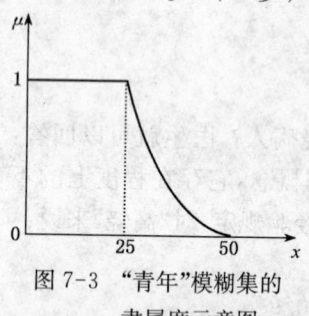

图 7-3　"青年"模糊集的
隶属度示意图

"青年"模糊集的隶属度如图 7-3 所示。

隶属函数的确定过程,本质上应该说是客观的,但是事实上现在还没有一个完全客观的评定标准。在许多情况下,先是初步确定粗略的隶属函数,然后通过"学习"和实践检验逐步修改和完善化,而实际效果正是检验和调整隶属函数的依据。

模糊统计是确定隶属函数的一种主要方法,它需要做大量的试验,因此工作量是比较大的。

7.2.4　怎样度量模糊性

隶属函数的值的确定,虽然有各种方法,本质上应该是客观的,但实际上常常带有主观性,对同一论域上的模糊集合,不同的人或用不同的判断标准,所得出的各元素的隶属度也不尽相同,那么,有没有办法来比较哪一个更正确些呢?这就涉及怎样来度量模糊性的问题。

下面我们通过一个实例来说明这个问题。

【例 7.6】 假定有甲乙两个顾客商场买衣服,他们主要考虑 3 个因素:

花色式样(x_1)

耐穿程度(x_2)

价格(x_3)

甲、乙两人就会根据自己的观点,分别给 x_1, x_2, x_3 打分,这种打分实际上是模糊的,也就是要确定对这个因素"满意"的隶属度,但是由于两个人的经验、性格和经济情况等都不相同,所以他们对 x_1, x_2, x_3 所确定的隶属度也不会相同。如表7-3所示。

表7-3

不同顾客对衣服的不同认识

类　　别	花色式样（x_1）	耐穿程度（x_2）	价格（x_3）
顾客甲确定的隶属度	$\mu_A(x_1) = 0.8$	$\mu_A(x_2) = 0.4$	$\mu_A(x_3) = 0.7$
顾客乙确定的隶属度	$\mu_B(x_1) = 0.6$	$\mu_B(x_2) = 0.6$	$\mu_B(x_3) = 0.5$

这就得到两个模糊集：

$$A = \frac{0.8}{x_1} + \frac{0.4}{x_2} + \frac{0.7}{x_3}, \quad B = \frac{0.6}{x_1} + \frac{0.6}{x_2} + \frac{0.5}{x_3}$$

究竟谁的观点正确呢？看来没法确定。因为各人有各人的经验，各人有各人的道理，这就是怎样度量模糊性的问题。解决这个问题的研究途径很多，目前用得较多的大致有"距离"和"贴近度"两个。

1）用"距离"来度量模糊性

定义7.15　在有限论域 X 上有两个模糊子集 A 和 B，A 和 B 的汉明距离定义如下：

绝对汉明距离：$\mathrm{d}(A, B) = \sum_{i=1}^{n} |\mu_A(x_i) - \mu_B(x_i)|$

相对汉明距离：$\delta(A, B) = \frac{1}{n}\mathrm{d}(A, B)$

例如在[例7.5]中：$\mathrm{d}(A, B) = |0.8-0.6| + |0.4-0.6| + |0.7-0.5| = 0.6$

$$\delta(A, B) = \frac{1}{3}\mathrm{d}(A, B) = 0.2$$

定义7.16　在有限论域 X 上有两个模糊子集 A 和 B，A 和 B 的欧几里得距离定义如下：

绝对欧几里得距离：$e(A, B) = \sqrt{\sum_{i=1}^{n} [\mu_A(x_i) - \mu_B(x_i)]^2}$

相对欧几里得距离：$\varepsilon(A, B) = \frac{1}{\sqrt{n}}e(A, B)$

在[例7.5]中：$e(A, B) = 0.2\sqrt{3}$

$$\varepsilon(A, B) = 0.2$$

怎样用距离来描述一个模糊集合的模糊程度呢？

要定义一个跟 A 最贴近的集合,这个集合用 $\underset{\approx}{A}$ 来表示,如果 A 里某元素的隶属度 >0.5,$\underset{\approx}{A}$ 的相应元素的隶属度为1,如果 $\leqslant 0.5$,则相应的隶属度为0,即:

$$\mu_{\underset{\approx}{A}}(x) = \begin{cases} 1, & \mu_{\underset{\sim}{A}}(x) > 0.5 \\ 0, & \mu_{\underset{\sim}{A}}(x) \leqslant 0.5 \end{cases}$$

令 $\nu(\underset{\sim}{A}) = 2\delta(\underset{\sim}{A}, \underset{\approx}{A})$,$\eta(\underset{\sim}{A}) = 2\varepsilon(\underset{\sim}{A}, \underset{\approx}{A})$,用 $\nu(\underset{\sim}{A})$,$\eta(\underset{\sim}{A})$ 来表示模糊集合的模糊度。$\nu(\underset{\sim}{A})$ 或 $\eta(\underset{\sim}{A})$ 大,即模糊度大。

因此,[例7.5]中:$\underset{\approx}{A} = \dfrac{1}{x_1} + \dfrac{0}{x_2} + \dfrac{1}{x_3}$,$\underset{\approx}{B} = \dfrac{1}{x_1} + \dfrac{1}{x_2} + \dfrac{0}{x_3}$

$\delta(\underset{\sim}{A}, \underset{\approx}{A}) = 0.3$,$\delta(\underset{\sim}{B}, \underset{\approx}{B}) = 0.433$,所以 $\nu(\underset{\sim}{A}) = 0.6 < \nu(\underset{\sim}{B}) = 0.866$

$\varepsilon(\underset{\sim}{A}, \underset{\approx}{A}) = 0.311$,$\varepsilon(\underset{\sim}{B}, \underset{\approx}{B}) = 0.436$,所以 $\eta(\underset{\sim}{A}) = 0.622 < \eta(\underset{\sim}{B}) = 0.872$

可见,$\underset{\sim}{B}$ 的模糊度比 $\underset{\sim}{A}$ 的模糊度大。

2) 用"贴近度"来度量模糊性

先定义内积、外积:

定义7.17　设 $\underset{\sim}{A}$ 和 $\underset{\sim}{B}$ 为论域 U 上的两个模糊子集,记:

内积:$\underset{\sim}{A} \cdot \underset{\sim}{B} = \underset{u \in U}{\bigvee}(\mu_{\underset{\sim}{A}}(u) \wedge \mu_{\underset{\sim}{B}}(u))$,外积:$\underset{\sim}{A} \odot \underset{\sim}{B} = \underset{u \in U}{\bigwedge}(\mu_{\underset{\sim}{A}}(u) \vee \mu_{\underset{\sim}{B}}(u))$,其中,$\wedge$ 为最大下界,$\vee$ 为最小上界。

贴近度:$(\underset{\sim}{A}, \underset{\sim}{B}) = \dfrac{1}{2}[\underset{\sim}{A} \cdot \underset{\sim}{B} + (1 - \underset{\sim}{A} \odot \underset{\sim}{B})]$

在[例7.5]中:$\underset{\sim}{A} = \dfrac{0.8}{x_1} + \dfrac{0.4}{x_2} + \dfrac{0.7}{x_3}$,$\underset{\sim}{B} = \dfrac{0.6}{x_1} + \dfrac{0.6}{x_2} + \dfrac{0.5}{x_3}$

$$\underset{\sim}{A} \cdot \underset{\sim}{B} = (0.8 \wedge 0.6) \vee (0.4 \wedge 0.6) \vee (0.7 \wedge 0.5) =$$
$$0.6 \vee 0.4 \vee 0.5 = 0.6$$
$$\underset{\sim}{A} \odot \underset{\sim}{B} = (0.8 \vee 0.6) \wedge (0.4 \vee 0.6) \wedge (0.7 \vee 0.5) =$$
$$0.8 \wedge 0.6 \wedge 0.7 = 0.6$$

因此,$(\underset{\sim}{A}, \underset{\sim}{B}) = \dfrac{1}{2}[\underset{\sim}{A} \cdot \underset{\sim}{B} + (1 - \underset{\sim}{A} \odot \underset{\sim}{B})] = 0.5$,表示贴近度不大不小。

度量模糊性十全十美的公式是不存在的,只能根据实际需要和经验选取。

7.2.5　模糊数学应用

1) 模糊相似选择

在实际工作中常会遇到对一组确定的对象按照某种性质排出优劣次序的问

题,但是,在许多情况下,由于用来比较的性质具有边界不分明的模糊性,使得比较优劣产生困难。

【例7.7】　由10名专家组成评比小组对某一行业中的3家企业甲、乙、丙的综合效益进行评比,企业的综合效益是一个复杂系统,包括经济效益、社会效益、环境效益等,而每个专家考虑问题的角度不同,观点不同,使得难以排出一个整体的优劣次序。如发生以下情况:

7人认为甲比乙好,3人认为乙比甲好

6人认为乙比丙好,4人认为丙比乙好

8人认为丙比甲好,2人认为甲比丙好

则如何确定一个整体上的优劣呢?

给出一个模糊选择矩阵:对 $x_i \in U$, $R(x_i, x_i) = 0.5$,即优越程度一样;对

$x_i \in U$, $x_j \in U$, $R(x_i, x_j) + R(x_j, x_i) = 1$,则,$R = \begin{pmatrix} 0.5 & 0.7 & 0.2 \\ 0.3 & 0.5 & 0.6 \\ 0.8 & 0.4 & 0.5 \end{pmatrix}$。

第一步:令 $R_{ii} = 0$,得 $\overline{R} = \begin{pmatrix} 0 & 0.7 & 0.2 \\ 0.3 & 0 & 0.6 \\ 0.8 & 0.4 & 0 \end{pmatrix}$。

第二步:取 λ($0 < \lambda < 1$),写出 λ-截矩阵 $\overline{R}_\lambda$,如本例中可取 $\lambda = 0.5$,得

$\overline{R}_{0.5} = \begin{pmatrix} 0 & 1 & 0 \\ 0 & 0 & 1 \\ 1 & 0 & 0 \end{pmatrix}$。

第三步:令 λ 减小,当下降到某一值时,第一次出现 $\overline{R}_\lambda$ 中某一行除对角线外全为1,认为该行对应的元素 x_k 是 U 中相对最优的元素。本例中当取 $\lambda = 0.4$

时,$\overline{R}_{0.4} = \begin{pmatrix} 0 & 1 & 0 \\ 0 & 0 & 1 \\ 1 & 1 & 0 \end{pmatrix}$,则丙的综合效益最好。

第四步:划去 x_k 所在第 k 行第 k 列元素,得 $n-1$ 阶矩阵。本例中划去第三行第三列元素,得2阶矩阵为 $\overline{R}^{(1)} = \begin{pmatrix} 0 & 0.7 \\ 0.3 & 0 \end{pmatrix}$。

第五步:继续上述过程,逐个选出相对最优元素,即得优劣次序。$\overline{R}^{(1)}_{0.7} = \begin{pmatrix} 0 & 1 \\ 0 & 0 \end{pmatrix}$,因此,甲第二好,整体优劣为丙、甲、乙。

2) 模糊聚类

【例 7.8】　用生产工人的劳动生产率,每万元固定资产容纳职工人数和技术管理人员在职工中的比重三项指标作为衡量一个企业技术密集程度的指标体系。

现有 6 家企业构成论域:$U = \{x_1, x_2, x_3, x_4, x_5, x_6\}$,

这 6 家企业关于上述 3 项指标的数值依次是:

$$x_1 = (x_{11}, x_{12}, x_{13}) = (1.8, 0.95, 0.15)$$
$$x_2 = (x_{21}, x_{22}, x_{23}) = (3.2, 1.01, 0.18)$$
$$x_3 = (x_{31}, x_{32}, x_{33}) = (2.5, 0.98, 0.16)$$
$$x_4 = (x_{41}, x_{42}, x_{43}) = (1.9, 1.2, 0.09)$$
$$x_5 = (x_{51}, x_{52}, x_{53}) = (2.1, 0.99, 0.21)$$
$$x_6 = (x_{61}, x_{62}, x_{63}) = (2.2, 1.03, 0.17)$$

评价这 6 个企业的技术密集程度。

建立模糊相似矩阵 $R = (r_{ij})_{6 \times 6}$,其中 $r_{ij} = \dfrac{\sum\limits_{k=1}^{6} \min(x_{ik}, x_{jk})}{\sum\limits_{k=1}^{6} \max(x_{ik}, x_{jk})}$

经计算得:

$$R = \begin{pmatrix} 1 & 0.66 & 0.8 & 0.87 & 0.88 & 0.85 \\ 0.66 & 1 & 0.83 & 0.66 & 0.74 & 0.77 \\ 0.8 & 0.83 & 1 & 0.77 & 0.88 & 0.9 \\ 0.87 & 0.66 & 0.77 & 1 & 0.85 & 0.85 \\ 0.85 & 0.74 & 0.88 & 0.85 & 1 & 0.95 \\ 0.85 & 0.77 & 0.9 & 0.85 & 0.95 & 1 \end{pmatrix}$$

用直接聚类法进行分类。

取水平 $\lambda = 1$ 时,将 U 分成 6 个等价类 $\{x_1\}$, $\{x_2\}$, $\{x_3\}$, $\{x_4\}$, $\{x_5\}$, $\{x_6\}$。

取水平 $\lambda = 0.9$ 时,则:

$$[x_1] = \{x_j \mid r_{1j} \geqslant 0.9\} = \{x_1\}$$
$$[x_2] = \{x_j \mid r_{2j} \geqslant 0.9\} = \{x_2\}$$
$$[x_3] = \{x_j \mid r_{3j} \geqslant 0.9\} = \{x_3, x_6\}$$
$$[x_4] = \{x_j \mid r_{4j} \geqslant 0.9\} = \{x_4\}$$

$$[x_5] = \{x_j \mid r_{5j} \geqslant 0.9\} = \{x_5, x_6\}$$

$$[x_6] = \{x_j \mid r_{6j} \geqslant 0.9\} = \{x_3, x_5, x_6\}$$

将有公共元素的类进行合并，得水平 $\lambda = 0.9$ 下 U 的分类为 $\{x_1\}$，$\{x_2\}$，$\{x_3, x_5, x_6\}$，$\{x_4\}$，说明在这一水平下可以认为第三、第五、第六家企业的技术密集程度是相同的。

最后取水平 $\lambda = 0.8$，则：

$$[x_1] = \{x_j \mid r_{1j} \geqslant 0.8\} = \{x_1, x_3, x_4, x_5, x_6\}$$

$$[x_2] = \{x_j \mid r_{2j} \geqslant 0.8\} = \{x_2, x_3\}$$

$$[x_3] = \{x_j \mid r_{3j} \geqslant 0.8\} = \{x_1, x_2, x_3, x_5, x_6\}$$

$$[x_4] = \{x_j \mid r_{4j} \geqslant 0.8\} = \{x_1, x_4, x_5, x_6\}$$

$$[x_5] = \{x_j \mid r_{5j} \geqslant 0.8\} = \{x_1, x_3, x_4, x_5, x_6\}$$

$$[x_6] = \{x_j \mid r_{6j} \geqslant 0.8\} = \{x_1, x_3, x_4, x_5, x_6\}$$

将所有具有公共元素的类合并，得到水平 $\lambda = 0.8$ 下的 U 分类为 $\{x_1, x_2, x_3, x_4, x_5, x_6\}$。

由于在水平 $\lambda = 0.8$ 下所有企业的技术密集程度属于同一类，说明在这一水平下可以认为 6 家企业的技术密集程度是相同的。

3）模糊综合评价

模糊综合评价的一般步骤如下：

（1）确定评价对象的因素集 $U = \{x_1, x_2, \cdots, x_n\}$。

（2）确定评语集。

（3）作出单因素评价 $R = (r_{ij})_{n \times m}$。

（4）综合评价。

【例 7.9】　评价某种牌号的手表，$U = \{x_1, x_2, x_3, x_4\}$，其中 x_1 表示外观式样，x_2 表示走时准确，x_3 表示价格，x_4 表示质量。

评语集为 $V = \{y_1, y_2, y_3\}$，其中 y_1 表示很满意，y_2 表示满意，y_3 表示不满意。

例如，对外观式样有 70% 的顾客很满意，20% 的顾客满意，10% 的顾客不满意，那么：

$$f(x_1) = \frac{0.7}{y_1} + \frac{0.2}{y_2} + \frac{0.1}{y_3}$$

同理可得：

$$f(x_2) = \frac{0.6}{y_1} + \frac{0.3}{y_2} + \frac{0.1}{y_3}$$

$$f(x_3) = \frac{0.5}{y_1} + \frac{0.3}{y_2} + \frac{0.2}{y_3}$$

$$f(x_4) = \frac{0.5}{y_1} + \frac{0.4}{y_2} + \frac{0.1}{y_3}$$

则这个问题的单因素评价矩阵为 $R = \begin{bmatrix} 0.7 & 0.2 & 0.1 \\ 0.6 & 0.3 & 0.1 \\ 0.5 & 0.3 & 0.2 \\ 0.5 & 0.4 & 0.1 \end{bmatrix}$

由于各个因素在综合评价中的作用不同,为此给出一个 U 的模糊集合 $A = (a_1, a_2, \cdots, a_n)$,满足条件 $\sum a_1 = 1$,在综合评价中,将 A 称为综合评价的权重向量,对于给定的权重,综合评价就是 $U \to V$ 的一个模糊变换。假设如果某类顾客评价手表的权重为 $A = (0.4, 0.2, 0.3, 0.1)$,即对 4 个方面的重视程度为 40%,20%,30%,10%。

$$B = A \circ R = (0.4, 0.2, 0.3, 0.1) \circ \begin{bmatrix} 0.7 & 0.2 & 0.1 \\ 0.6 & 0.3 & 0.1 \\ 0.5 & 0.3 & 0.2 \\ 0.5 & 0.4 & 0.1 \end{bmatrix} = (0.4, 0.3, 0.2)$$

说明很满意,满意,不满意的隶属度依次是 0.4,0.3,0.2,根据最大隶属原则,可以认为这类顾客对这种手表"很满意"。

4) 模糊推理

广义正向模糊推理的形式化定义如下:

(1) 大前提,x 是 A,则 y 是 B,即 $\underset{\sim}{A} \to \underset{\sim}{B}$

(2) 小前提,x 是 A'

$$A' \to \boxed{\underset{\sim}{R} = \underset{\sim}{A} \to \underset{\sim}{B}} \to B'$$

(3) 推出结论:y 是 $\underset{\sim}{B'} = \underset{\sim}{A'} \circ (\underset{\sim}{A} \to \underset{\sim}{B}) = \underset{\sim}{A'} \circ \underset{\sim}{R}$ ("∘"是合成运算,"R"是蕴含关系)。我们称这种最基本的推理模型为简单模糊推理机,许多较复杂的模型可以转化为这种模型。关于模糊蕴含的运算公式很多。以 Mamdani 的模糊蕴含最小运算公式:

$$R_k = \underset{\sim}{A} \to \underset{\sim}{B} = \int_{X \times Y} < \mu_A(x) \wedge \mu_B(y) > /(x, y)$$

合成运算采用最大最小合成法,于是

$$B^*(y) = A^* \circ (\underset{\sim}{A} \to \underset{\sim}{B}) =$$

$$A^* \circ < \mu_A(x) \wedge \mu_B(y) > =$$

$$< \underset{x \in X}{\vee} \{\mu_A^*(x) \wedge [\mu_A(x) \wedge \mu_B(y)]\} > =$$

$$< \underset{x \in X}{\vee} \{\mu_A^*(x) \wedge \mu_A(x)\} \wedge \mu_B(y) > =$$

$$< \alpha \wedge \mu_B(y) >$$

【例 7.10】　我们基于模糊数学来解决以下问题:调节炉温有下列经验,"若炉温低,则将电压调高。"现在炉温较低,问怎样调节电压?

解析:建立论域 $X = Y = \{1, 2, 3, 4, 5\}$

$$\underset{\sim}{A} = \text{"炉温低"} = \left\{ \frac{1}{1} + \frac{0.7}{2} + \frac{0.4}{3} + \frac{0}{4} + \frac{0}{5} \right\}$$

$$\underset{\sim}{B} = \text{"高电压"} = \left\{ \frac{0}{1} + \frac{0}{2} + \frac{0.4}{3} + \frac{0.7}{4} + \frac{1}{5} \right\}$$

$$A' = \text{"炉温较低"} = \left\{ \frac{1}{1} + \frac{0.6}{2} + \frac{0.4}{3} + \frac{0.2}{4} + \frac{0}{5} \right\}$$

这里我们以上面 Mamdani 的模糊蕴含最小运算公式和最大最小合成运算公式,计算 $X \times Y$ 上的直觉模糊蕴含关系 $\underset{\sim}{R}$。

$$R = \int_{X \times Y} \langle \mu_B(y) \rangle / (x, y) = \begin{pmatrix} 0 & 0 & 0.4 & 0.7 & 1 \\ 0 & 0 & 0.4 & 0.7 & 1 \\ 0 & 0 & 0.4 & 0.7 & 1 \\ 0 & 0 & 0.4 & 0.7 & 1 \\ 0 & 0 & 0.4 & 0.7 & 1 \end{pmatrix}$$

$$B' = \underset{\sim}{A} \circ R = (1 \quad 0.6 \quad 0.4 \quad 0.2 \quad 0) \circ \begin{pmatrix} 0 & 0 & 0.4 & 0.7 & 1 \\ 0 & 0 & 0.4 & 0.7 & 1 \\ 0 & 0 & 0.4 & 0.7 & 1 \\ 0 & 0 & 0.4 & 0.7 & 1 \\ 0 & 0 & 0.4 & 0.7 & 1 \end{pmatrix} =$$

$$(0 \quad 0 \quad 0.4 \quad 0.4 \quad 1)$$

即:

$$\frac{0}{1} + \frac{0}{2} + \frac{0.4}{3} + \frac{0.4}{4} + \frac{1}{5}$$

因此，可以得出结论为需要调整较高的电压，这个结果符合实际。

7.3　习　　题

1. 生活中存在大量的模糊现象，思考并给出一个例子，并用模糊集描述它。

2. 解释模糊集隶属度的概念。

3. 设对书籍考察：x_1 科学性；x_2 逻辑性；x_3 思想性；x_4 可读性；x_5 表达明确性。此 5 性组成论域，$X = \{x_1, x_2, x_3, x_4, x_5\}$。现有 4 本书，其各自组成模糊集：

$$A_1 = \left\{ \frac{1}{x_1}, \frac{0.8}{x_2}, \frac{0.8}{x_3}, \frac{0.7}{x_4}, \frac{0.6}{x_5} \right\}$$

$$A_2 = \left\{ \frac{0.7}{x_1}, \frac{0.9}{x_2}, \frac{0.7}{x_3}, \frac{0.7}{x_4}, \frac{0.5}{x_5} \right\}$$

$$A_3 = \left\{ \frac{0.6}{x_1}, \frac{0.8}{x_2}, \frac{0}{x_3}, \frac{0.5}{x_4}, \frac{0.6}{x_5} \right\}$$

$$A_4 = \left\{ \frac{0.7}{x_1}, \frac{0.9}{x_2}, \frac{1}{x_3}, \frac{0.6}{x_4}, \frac{0.4}{x_5} \right\}$$

请分别用汉明距离和欧几里得距离方法，从 4 本书中找出 1 本，使之比较符合以下要求：$B = \left\{ \frac{0.9}{x_1}, \frac{0.8}{x_2}, \frac{0.7}{x_3}, \frac{0.7}{x_4}, \frac{0.5}{x_5} \right\}$，并分析一下结果。

第 2 篇　实践篇

第 8 章

数据挖掘工具

目前有数百个数据挖掘相关的产品和咨询公司。KDNuggets 网站(http://www.kdnuggets.com)提供了数据挖掘领域的公司和它们的产品列表①。

8.1 SPSS 工具

SPSS 公司是一家统计产品生产公司,1998 年 SPSS 收购了英国的一家公司—ISL,通过继承获得了这家公司的 Clementine 数据挖掘包。Clementine 是首次引入数据挖掘流概念的产品之一。SPSS 公司于 2009 年被 IBM 公司收购。

SPSS for Windows 是一种运行于 Windows 系统下的统计分析软件。它集数据整理、分析过程、结果输出等功能于一体,采用窗口操作界面,统计分析方法覆盖面广,用户操作使用方便,输出结果图文并茂。图 8-1 为一个 SPSS 软件的用户界面。

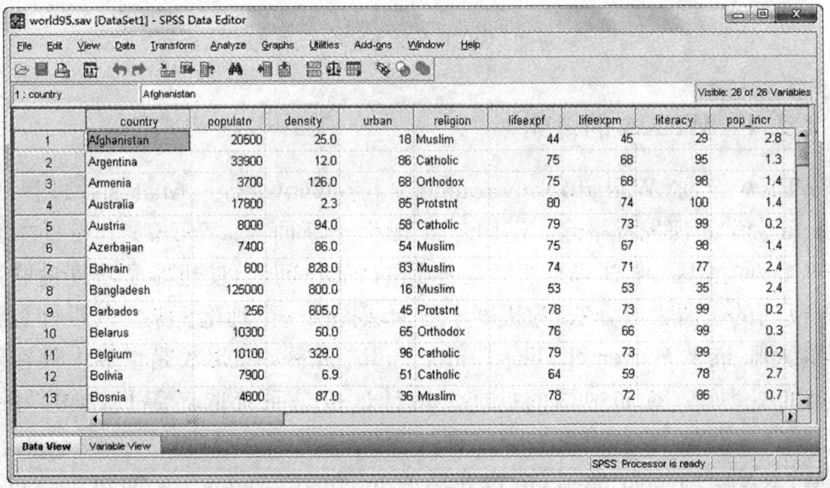

	country	populatn	density	urban	religion	lifeexpf	lifeexpm	literacy	pop_incr
1	Afghanistan	20500	25.0	18	Muslim	44	45	29	2.8
2	Argentina	33900	12.0	86	Catholic	75	68	95	1.3
3	Armenia	3700	126.0	68	Orthodox	75	68	98	1.4
4	Australia	17800	2.3	85	Protstnt	80	74	100	1.4
5	Austria	8000	94.0	58	Catholic	79	73	99	0.2
6	Azerbaijan	7400	86.0	54	Muslim	75	67	98	1.4
7	Bahrain	600	828.0	83	Muslim	74	71	77	2.4
8	Bangladesh	125000	800.0	16	Muslim	53	53	35	2.4
9	Barbados	256	605.0	45	Protstnt	78	73	99	0.2
10	Belarus	10300	50.0	65	Orthodox	76	66	99	0.3
11	Belgium	10100	329.0	96	Catholic	79	73	99	0.2
12	Bolivia	7900	6.9	51	Catholic	64	59	78	2.7
13	Bosnia	4600	87.0	36	Muslim	78	72	86	0.7

图 8-1 SPSS 软件界面示意图

① KDnuggets™. [EB/OL]. (2012-07-14)[2012-08-27] Data Mining Community's Top Resource . http://www.kdnuggets.com.

8.2　WEKA 工 具

WEKA 是由新西兰怀卡托大学博士研究院开发的数据挖掘软件,在非商业数据挖掘软件中具有领先的知名度。下面从背景、功能、使用、二次开发、输入输出、可视化等不同方面认识 WEKA。WEKA 体系结构如图 8-2 所示。

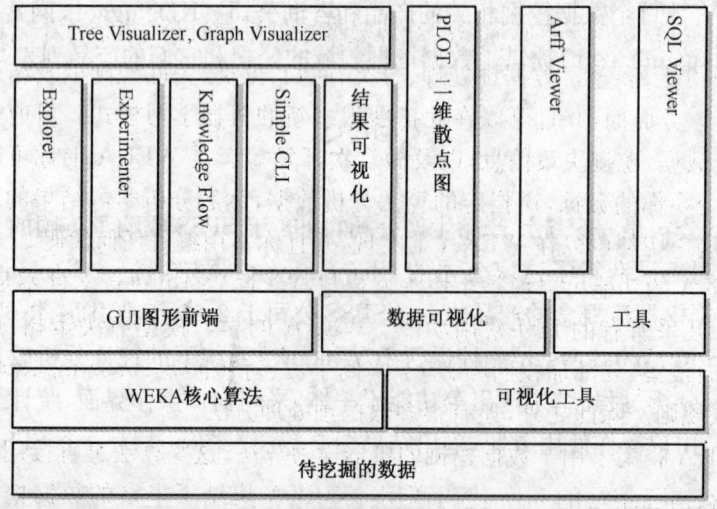

图 8-2　WEKA 体系结构示意图

8.2.1　WEKA 的背景

WEKA 全称 Waikato Environment for Knowledge Analysis,即新西兰 Waikato 大学知识挖掘平台,于 1999 年诞生于新西兰。WEKA 开发的本意为服务于新西兰国家,解决新西兰工业遇到的 KDD 问题,使机器学习理论联系实际,开发新的机器学习算法,为机器学习领域提供一个理论框架。其设计者为数据界的大师 Ianh Witten 和 Bibe Frank Ianh。此外,WEKA 是世界上仅在新西兰发现的一种鸟,犹如中国的杜鹃。估计这也是系统取名 WEKA 的另一层含义。

WEKA 由纯 java 编写,免费开源发布(http://www.cs.waikato.ac.nz/ml/weka/),几乎能运行在任何操作系统上,已经经过验证的有 Linux,Windows,Macintosh 等 OS,甚至可以运行在 PDA(Personal Digital Assistant)上。WEKA 为不同的学习算法提供了统一的接口,也提供了很多学习模式结果的评估方法。

正是由于这种开源、兼容、结构规范等特性，WEKA 自从发布以来，已经吸引了众多的用户和科学工作者，他们在数据挖掘领域对 WEKA 进行了很多扩展。在 WEKA 主页上，我们可以看到，WEKA 及 WEKA 相关扩展课题基本涵盖了数据挖掘的基本技术和数据挖掘发展趋势和热点话题。

8.2.2　WEKA 的功能

WEKA 作为一个经典优秀的开源数据挖掘平台，已经集结了丰富的数据挖掘方法和功能，涵盖了数据预处理、分类、回归、聚类、关联规则以及结果的图形化显示等方方面面，并且可以在此扩展很多新的机器学习模式。目前很多人用它来分析数据，挖掘决策信息，以及做二次开发等。在 WEKA 上你可以挖掘你的数据，变换你的数据，用指定的算法分析数据，然后分析学习结果的质量和性能，所以这一切都可以在 WEKA 上实现，并且你不用编写任何代码。

WEKA 的功能可以说是小块头大智慧，WEKA 的可执行文件不足 2.5 M，却实现了几乎所有的 DM 常用功能。WEKA 的学习模型有决策树、产生式规则、支持向量集、局部加权回归、基于实例学习、背包问题、boosting、stacking、聚类和关联规则。除此之外，还有很多数据预处理方法。

WEKA 收集了用于数据挖掘的机器学习算法，这些算法可直接用于数据分析，也可被自己编写的 java 代码调用。WEKA 集结了丰富的数据挖掘分析工具，从数据预处理、分类、回归、聚类、关联规则以及结果的图像显示，并且可以扩展很多新的机器学习模式。WEKA 的功能可以分为以下几类：

（1）数据预处理，WEKA 就数据集能作一些常用的预处理，如离散化（discretization）、正交化（normalization）、取样（resampling）、属性选择（attribute selection）、转换（transforming）和合并属性等和 combining attributes）等。

（2）分类，WEKA 系统内已有的分类算法，如决策树和决策表、基于实例的分类、支持向量集、多层感知器神经网络、logistic 回归、Bayes 网络等。

（3）聚类，WEKA 也包含了诸多聚类模式，如 k-Means，EM，Cobweb，X-means，FarthestFirst 等。

（4）关联规则，WEKA 实现的关联规则有 Apriori，PredictiveApriori，Tertius 等。

（5）属性选择，WEKA 的属性选择方法有 best-first、forward selection、random、exhaustive、genetic algorithm、ranking、correlation-base、wrapper、information gain、chi-squared 等。

（6）数据的可视化展示，WEKA 提供了从不同的角度观察数据的特点。

8.2.3　WEKA 的使用

图 8-3　WEKA 初始界面
示意图

从 WEKA 官方网站（http://www.cs.waikato.ac.nz/ml/weka/）上下载最新版本的 WEKA 软件，由于这是纯 Java 语言编写的软件，所以需要预先安装 Java 虚拟机，并设置 Java 环境变量。安装后，启动 Weka 程序，可以见到如图 8-3 的界面。

该界面是 WEKA 软件的初始界面。点击 Explorer，进入到数据挖掘界面中，可以看到这个界面中有预处理、分类分析、聚类分析、关联分析、属性选择、可视化等多个 Tab 选项卡。如图 8-4 所示。

在图 8-4 的界面中，可以通过打开文件、打开数据库、打开 URL 来导入数据进行分析。WEKA 提供的训练数据格式是 arff 格式，这种格式可以用记事本打开，可以在 WEKA 中进行编辑。如图 8-5 所示。

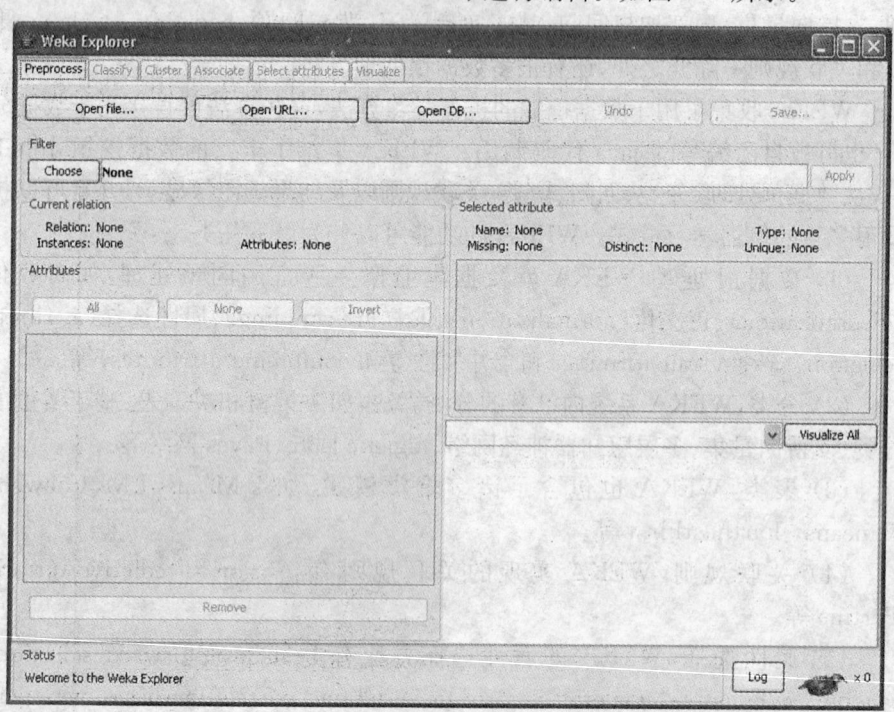

图 8-4　WEKA Explorer 界面示意图

```
文件(F) 编辑(E) 格式(O) 查看(V) 帮助(H)
@relation saleclothes
@attribute smock {yes, no}
@attribute jeans {yes, no}
@attribute shoes {yes, no}
@attribute scanties {yes, no}
@attribute dress {yes, no}
@attribute T-shirt {yes, no}
@data yes, no, no, no, no, no
      no, no, yes, no, no, yes
      no, yes, no, no, no, yes
      no, yes, yes, no, no, yes
      no, yes, no, yes, no, no
      no, no, yes, no, no, no
      no, yes, no, no, yes, no
      no, yes, yes, yes, no, yes
      no, yes, no, no, no, no
      no, yes, yes, no, no, yes
      no, no, no, no, no, yes
      yes, yes, yes, no, yes, yes
      no, yes, yes, no, yes, yes
      no, no, yes, no, yes, yes
      no, yes, no, no, no, yes
      no, no, no, no, yes, yes
      yes, yes, no, no, yes, no
      no, yes, yes, yes, no, yes
      no, yes, no, no, no, no
      no, yes, yes, yes, no, yes
```

图 8-5 ARFF 格式的交易记录示意图

WEKA 在分类、聚类、关联分析中包含了丰富的挖掘算法,用户可以根据需要选择合适的算法进行数据的挖掘分析。如图 8-6 所示。

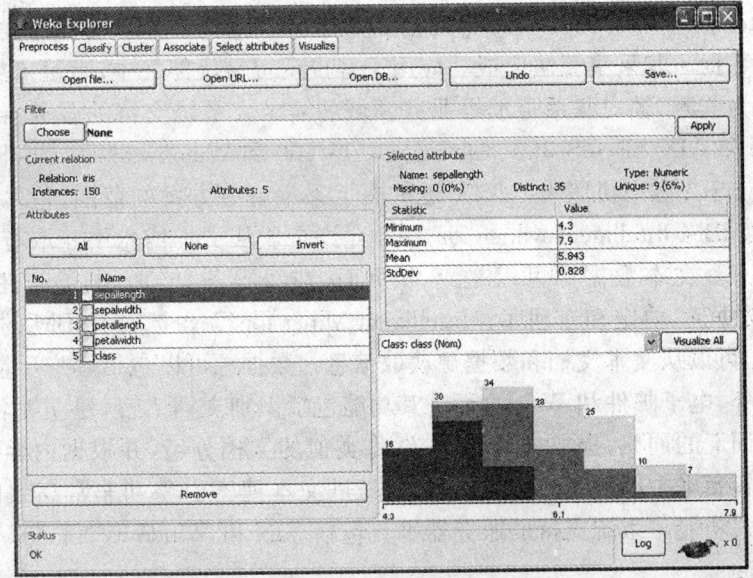

图 8-6 WEKA 数据分析过程示意图

8.3　IBM Data Miner 工具

　　IBM Intelligent Miner for Data 是由 IBM 的一家德国子机构研究推出，它包括一组算法和可视化工具。Intelligent Miner 通过其世界领先的独有技术，例如典型数据集自动生成、关联发现、序列规律发现、概念性分类和可视化呈现，它可以自动实现数据选择、数据转换、数据发掘和结果呈现这一整套数据发掘操作。若有必要，对结果数据集还可以重复这一过程，直至得到满意结果为止。根据 IDC 的统计，Intelligent Miner 目前是数据发掘领域最先进的产品。

　　现在，IBM 的 Intelligent Miner 已形成系列，它帮助用户从企业数据资产中识别和提炼有价值的信息。它包括分析软件工具——Intelligent Miner for Data 和 IBM Intelligent Miner for Text，帮助企业选取以前未知的、有效的、可行的业务知识——如客户购买行为，隐藏的关系和新的趋势，数据来源可以是大型数据库和企业内部或 Internet 上的文本数据源。然后，公司可以应用这些信息进行更好更准确的决策，获得竞争优势。

　　Intelligent Miner for Data 可以寻找包含于传统文件、数据库、数据仓库和数据中心中的隐含信息。这一 IBM 的 Intelligent Miner 产品的最新版本拥有改进的用户界面，增强了并行性，提供新的平台支持、统计功能、一种新的中枢净价值预测技术，以及优化的算法。

　　Intelligent Miner for Data 帮助用户充分利用传统数据库或普通文件中的结构化数据。其采集算法已成功应用于客户及贸易伙伴之中，满足市场分析、诈骗行为监测、客户联系管理等业务领域的需求。系统支持的服务器平台包括 AIX 和 AIX/SP、OS/390、SunSolaris、OS/400 和 Windows NT。此外还将全面推出 OS/2 客户机版本。IBM 还扩展了采集解决方案的范围，包含了文本数据源。IBM Intelligent Miner for Text 允许企业从文本信息中获取有价值的客户信息。文本数据源可以是 Web 页面、在线服务、传真、电子邮件、Lotus Notes 数据库、协定和专利库。Intelligent Miner for Text 扩展了 IBM 的数据采集功能，可以从文本文档和数据源获取信息。数据源可以包括客户反馈、在线新闻服务、电子邮件和 Web 页面。其功能包括识别文档语言，建立姓名、用语或其他词汇的词典，提取文本的含义，将类似的文档分组，并根据内容将文档归类。新版本中还包括一个全功能的先进文本搜索引擎和非常高效的 Web 文本搜索功能。系统支持的服务器平台包括 AIX 和 Windows NT、OS/390 和 Sun Solaris。

　　IBM Intelligent Miner 系列可以充分发挥使用者寻找相关信息的潜力，并帮助使用者花费最少的时间来搜索和浏览结果信息。行销、财务、产品管理和客户联系管理领域的数据分析人员和业务技术人员可以充分利用这种工具。此外,文本采集技术还可以适用于多种需要查看或研究文档的用户——如专利代理人、企业图书管理员、公共关系人员、研究人员和学生。

Citibank 是美国名列第二的银行,是首先采用 IBM 业务智能系统的大型企业之一。该系统包括新的、更先进的数据采集和行销应用程序,运行于支持业务智能的 RS/6000SP 服务器。Citibank 的目标是深入认识其遍布 62 个国家的客户银行和信用卡客户的价值观。由此,Citibank 就能够始终主动同客户建立独立联系,满足客户的特定需求。

"如今的竞争是迅猛的、无情的,"Citibank 全球数据库行销管理主任 Janet Clarke 认为,"为进行这方面的决策,需要考虑许多关于客户、产品和服务的可变因素。我们必须寻找数以千计的着手点,并以极高的速度完成这些工作。如今终于有了适用的技术。使用这种新技术就像下象棋,而您不需要带着'将军'的想法运作业务。"

在保险行业,Aetna U. S. Healthcare 正开发 IBM 业务智能工具来收集数据,如住院信息、医师出诊、实验室测试等,并将数据纳入单一数据仓库。将先进的 IBM 数据采集应用程序同数据仓库相结合,就可以发现业务趋势和模式,并提出更好的策略,以改善医疗并降低成本。

"我们的 IBM 业务智能系统正帮助我们开发适用于糖尿病、肾病以及心脏病的早期诊断程序,"Aetna U. S. Healthcare 下属的 U. S. Quality Algorithms 公司总裁 Nicholas Hanchack 介绍说,"诸如此类的程序有益健康,也有益于客户满意度。"

8.4　MS SQL Server 2008 数据分析引擎

以 Microsoft SQL Server 为代表的数据库产品具有超大容量的数据存储、高效率的数据查询算法、方便易用的向导和工具以及友好亲切的用户接口,大大推动了数据管理、电子商务、知识管理的应用和发展。作为微软公司的旗舰产品,Microsoft SQL Server 是一款典型的关系型数据库管理系统,是微软数据管理平台的重要组成部分,它不仅提供了数据定义、数据控制、数据操纵等基本功能,还提供了系统安全性、数据完整性、并发性、审计性、可用性、集成性等功能。

2008 年 8 月,微软公司发布了 Microsoft SQL Server 2008 系统,其代码名称是 Katmai。该系统在安全性、可用性、易管理性、可扩展性、商业智能等方面有了更多的改进和提高,对企业的数据存储和应用需求提供了更强大的支持和便利。

(1) 在可用性方面,SQL Server 2008 版本对数据库镜像进行了增强,可以创建热备用服务器,提供快速故障转移且保证已提交的事务不会丢失数据。

(2) 在易管理性方面,SQL Server 2008 系统增加了 SQL Server 审核功能,可以对各种服务器和数据库对象进行审核;支持压缩备份;引入了中央管理服务器方法,方便对多个服务器进行管理;引入了基于策略的管理,可以降低总拥有成本;在数据库引擎查询编辑器方面,新增了一个类似于 Visual Studio 的 Transact-SQL 调试器,便于对 Transact-SQL 语句进行调试;新增了变更数据捕获,对数据仓库有了更强的支持等。

(3) 在可编程性方面,SQL Server 2008 系统增强的功能包括新数据存储功能(FILESTREAM 存储、新排序规则、分区切换等)、新数据类型(日期、时间、空间、hierarchyid 数据类型、用户定义表类型等)、新全文搜索体系结构(全文目录已集成到数据库中,而不是像以前版本的文件结构)、对 Transact-SQL 所作的改进和增强(新增复合运算符、增强的 CONVERT 函数、增强的日期和时间函数、GROUPING SETS 运算符、增强的 MERGE 语句)等。

(4) 在安全性方面,SQL Server 2008 系统的增强功能包括增加了新的加密函数(is_objectsigned、syskeyproperty 等)、添加的透明数据加密(可以自动加密数据文件)、可扩展密钥管理功能(允许第三方企业密钥管理和硬件安全模块供应商在 SQL Server 中注册其设备)。

(5) 另外,Analysis Services、Integration Services、Reporting Services、Service Broker 等方面,SQL Server 2008 系统都有许多增强。

Microsoft SQL Server 是一个提供了联机事务处理、数据仓库、电子商务应用的数据库和数据分析的平台。体系架构是描述系统组成要素和要素之间关系的方式。Microsoft SQL Server 系统的体系结构是对 Microsoft SQL Server 的主要组成部分和这些组成部分之间关系的描述。

微软通过 Microsoft SQL Server 2008 提供了一套全面的商业智能(BI),它为数据存储、数据分析和生成报表提供了一套可伸缩的数据平台,并让最终用户通过强大、直观的工具来访问和分析商业信息。Microsoft SQL Server 2008 系统由 4 个主要部分组成。这 4 个部分被称为 4 个服务,这些服务分别是数据库引擎(SSDE)、分析服务(SSAS)、报表服务(SSRS)和集成服务(SSIS)。这些服务之间相互存在和相互应用,它们的关系示意图如表 8-1 所示。

表 8-1

SQL Server 2008 商务智能技术

组　件	描　述
SQL Server 数据库引擎（SSDE）	为大型数据提供了可伸缩且高性能的数据存储引擎，从而可以帮助企业将商业数据合并到用于分析和生成报表的中央数据仓库中。
SQL Server 集成服务（SSIS）	进行提取、转换和加载（ETL）操作的全面平台，能够对数据仓库进行操作和同步，其中数据仓库里的数据是从企业的商业应用程序所使用的孤立数据源中获得的。
SQL Server 分析服务（SSAS）	提供了用于联机分析处理（online analytical processing，OLAP）的分析引擎，包括在多维度和关键业务指标（KPI）中实现商业量值聚集，并使用特定算法来辨别模式、趋势以及与商业数据相关的数据挖掘解决方案。
SQL Server 报表服务（SSRS）	一套报表解决方案，可以很容易地在企业内外创建、发布并分发详细的商业报表。

　　数据库引擎（SQL Server Database Engine，SSDE）是 Microsoft SQL Server 2008 系统的核心服务，负责完成业务数据的存储、处理、查询和安全管理等操作。创建数据库、创建表、执行各种数据查询、访问数据库等操作，都是由数据库引擎完成的。在大多数情况下，使用数据库系统实际上就是使用数据库引擎。例如，在某个使用 Microsoft SQL Server 2008 系统作为后台数据库的航空公司机票销售信息系统中，Microsoft SQL Server 2008 系统的数据库引擎服务负责完成机票销售数据的添加、更新、删除、查询及安全控制等操作。

　　实际上，数据库引擎本身也是一个复杂的系统，它包括了许多功能组件，例如 Service Broker、复制等。Service Broker 提供了异步通信机制，可以用于存储、传递消息。复制是指在不同的数据库之间对数据和数据库对象进行复制和分发，保证数据库之间同步和数据一致性的技术。复制经常用于物理位置不同的服务器之间的数据分发，它可以通过局域网、广域网、拨号连接、无线连接和 Internet 分发到不同位置的远程或移动用户。

　　分析服务（SQL Server Analysis Services，SSAS）提供了多维分析和数据挖掘功能，可以支持用户建立数据仓库和进行商业智能分析。相对联机分析处理 OLAP（online transaction processing，联机事务处理）来说，OLTP 是由数据库引擎负责完成的。使用 SSAS 服务，可以设计、创建和管理包含来自于其他数据源数据的多维结构。通过对多维数据进行多个角度的分析，可以支持管理人员对业务数据的更全面的理解。另外，通过使用 SSAS 服务，用户可以完成数据挖掘模型的构造和应用,实现知识发现、知识表示、知识管理和知识共享。例如,在航空公司的机票销售信息系统中,可以使用 Microsoft SQL Server 2008 系统提供的 SSAS 服务完成对客户的数据挖掘分析,可以发现更多有价值的信息和知识,为客户提供更全面、满意的服务和关怀,从而为有效管理客户资源、减少客户流失、提高客户管理水平提供支持。

报表服务(SQL server reporting services,SSRS)为用户提供了支持 Web 的企业级的报表功能。通过使用 Microsoft SQL Server 2008 系统提供的 SSRS 服务,用户可以方便地定义和发布满足自己需求的报表。无论是报表的布局格式,还是报表的数据源,用户都可以轻松地实现。这种服务极大地便利了企业的管理工作,满足了管理人员高效、规范的管理需求。例如,在航空公司的机票销售信息系统中,使用 Microsoft SQL Server 2008 系统提供的 SSRS 服务,可以方便地生成 Word、PDF、Excel、XML 等格式的报表。

集成服务(SQL Server Integration Services,SSIS)是一个数据集成平台,可以完成有关数据的提取、转换、加载等。例如,对于分析服务来说,数据库引擎是一个重要的数据源,如何将数据源中的数据经过适当地处理加载到分析服务中以便进行各种分析处理,这正是 SSIS 服务所要解决的问题。重要的是,SSIS 服务可以高效地处理各种各样的数据源,除了 Microsoft SQL Server 数据之外,还可以处理 Oracle、Excel、XML 文档、文本文件等数据源中的数据。

8.5　ETL 工具 Data Stage

8.5.1　Datastage 过程理论

Datastage 企业版是原 Ascential Software 公司所有企业整合系列产品中的关键产品。企业版支持大容量数据的收集、整合和转换,数据从简单结构到很复杂的结构。基于高可扩展性的软件架购,企业版使得企业能够通过高性能来解决大部分业务问题,并行处理大容量数据。

Datastage 企业版发布了 4 个核心功能来成功实施企业数据整合:先进的开发和简单化的维护;企业级别的开发、监测和管理;在吞吐量和性能方面提供了无限制的高扩展的体系架构;端对端的企业级元数据管理。

Datastage 企业版提供了全面的功能去最优化用户在建立、升级和管理数据整合架构时的速度、灵活性和效率。Datastage 企业版增强的功能减少了学习的周期、简单化了管理和优化了开发资源的使用,减少了数据整合应用的开发和维护周期。结果,Datastage 企业版使得企业能够花更少的时间开发它们的整合应用,更多的时间是不断地从中受益。

Datastage 企业版使用了 Client-server 架构,如图 8-7 所示。

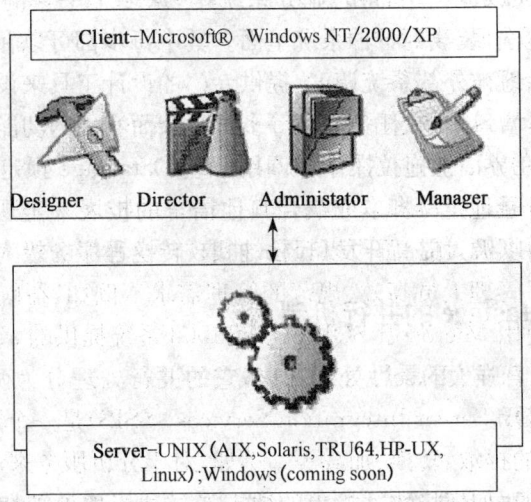

图 8-7　Datastage 企业版 Client-Server 架构示意图

用户通过各个客户端工具访问 Datastage 企业版的开发、配置和维护功能。这些工具包括:

Designer:用来建立和编辑 Datastage 作业和表的定义。Designer 中的"Job Sequencer"控制作业的执行,其他作业成功完成(或失败)的条件。

Administrator:用来执行管理任务,如建立 Datastage 用户、建立和删除工程并且建立清洗标准。

Manager:用来管理 ETL 工具 Datastage 元数据。

Director:用来编译建立的任务,监控和调度任务的运行。

如图 8-7 所示,Datastage 企业版的服务器组件运行在一系列的流行服务器上,如 Unix、Windows 等。

Datastage 能够处理多种数据源的数据,包括主机系统的大型数据库、开放系统上的关系数据库和普通的文件系统等。以下列出 Datastage 所能处理的主要数据源:

(1) 大型主机系统数据库:IMS,DB2,ADABAS,VSAM 等。

(2) 开放系统的关系数据库:Informix, Oracle, Sybase, DB2, Microsoft SQL Server 等。

(3) ERP 系统:SAP/R3,PeopleSoft 系统等。

(4) 普通文件和复杂文件系统,FTP 文件系统,XML 等。

（5）IIS，Netscape，Apache 等 Web 服务器系统。

（6）Outlook 等 E-mail 系统。

Datastage 可以从多个不同的业务系统中，从多个平台的数据源中抽取数据，完成转换和清洗，装载到各种系统里面。其中每步都可以在图形化工具里完成，同样可以灵活地被外部系统调度，提供专门的设计工具来设计转换规则和清洗规则等，实现了增量抽取、任务调度等多种复杂而实用的功能。其中简单的数据转换可以通过在界面上拖拉操作和调用一些 Datastage 预定义转换函数来实现，复杂转换可以通过编写脚本或结合其他语言的扩展来实现，并且 Datastage 提供调试环境，可以极大提高开发和调试抽取、转换程序的效率。

8.5.2　Datastage 的并行机制

Datastage 有着强大的秉性处理功能，它的并行处理分为两部分：一是管道运行；二是分区运行。

1）管道运行

管道运行从字面上理解可称为流水线式的作业，其工作流从数据源开始到经过下一个的 stage。当某个 stage 将进入的数据处理完成后，不必等待所有的数据处理完成后才能进入下一个 stage。这就使得在 ETL 流程中每一个 stage 都在工作中，加快了数据的处理过程。其具体的流程如图 8-8 所示。其优点如下：

（1）流水线式的数据处理过程。

（2）转换、清洗、加载同时进行。

（3）在数据处理过程中数据不落地，减少 I/O 开销。

（4）保持处理器始终被使用。

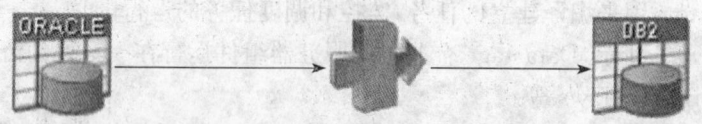

图 8-8　Datastage 流水线式作业示意图

2）分区运行

分区运行利用 ETL 工具的底层硬件处理能力，采用一定的逻辑方式，将一个大的文件或者一张数据库表在一定的算法之下，分割成若干个小文件，这些小文件分配在不同的进程里，ETL 工具在多个进程中并行地处理数据文件或者数据库表，这样，若干个小文件中的数据可以得到并行处理。

Datastage 对数据进行分区处理。具体做法是：将数据分为若干个子集进行处理,每个子集的数据都在进行着相同的处理。这个流程使得 ETL 过程达到线性的速度加快。分区方式有随机、HASH 方式,根据工程的不同需要可选择不同的分区方式,如图 8-9 所示。

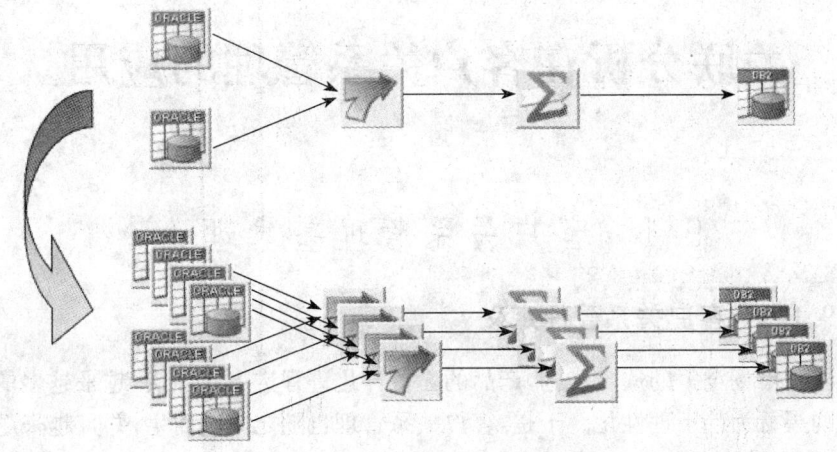

图 8-9　Datastage 分区式作业示意图

8.6　习　　题

1. 上机实验 SPSS 工具的使用,包括:①SPSS 软件的安装、启动与退出。②SPSS软件的数据编辑窗口、结果输出窗口、语句窗口与脚本编辑窗口。③SPSS 软件的菜单。④SPSS 的数据加载。⑤运用 SPSS 软件进行方差分析、线性回归分析和聚类分析。

2. 上机实验 WEKA 工具的使用,包括:①WEKA 软件和 JDK 软件包的安装。②WEKA 工具里的 arff 数据格式。③了解 WEKA 工具包含的算法。④运用 WEKA 工具的知识流模块综合处理数据。

第 9 章

关联分析在客户关系管理的应用

9.1 客户关系管理基本理论

9.1.1 客户关系管理定义

随着市场竞争的逐步加剧,产品的无差异化进程进一步加快,越来越多的客户的购买行为趋于理性化。于是,客户关系管理也随之应运而生,并且越来越受到企业的关注。对于企业来说,能否对客户数据信息进行合理、有效的利用,并且从中发现潜在的商业价值规律,成了他们在竞争中能否取得优势的基础和关键。

客户关系管理(Customer Relationship Management, CRM),是一个不断加强与顾客交流,不断了解顾客需求,并不断对产品及服务进行改进和提高以满足顾客的需求的连续的过程。CRM 是选择和管理有价值客户及其关系的一种商业策略,其要求以客户为中心的商业哲学和企业文化来支持有效的市场营销、销售与服务流程。CRM 的核心是客户价值管理,它将客户价值分成即成价值、潜在价值和模型价值,通过"一对一"营销原则,满足不同价值客户的个性化需求,以有效开发潜在新客户,以及保留老客户,从而全面地降低企业的销售宣传成本,实现企业和客户共赢的局面。

CRM 主要包括以下几个主要方面:

(1) 客户概况分析(profiling):包括客户的层次、风险、爱好、习惯等。

(2) 客户忠诚度分析(persistency):指客户对某个产品或商业机构的忠实程度、持久性、变动 情况等。

(3) 客户利润分析(profitability):指不同客户所消费的产品的边缘利润、总利润额、净利润等。

(4) 客户性能分析(performance):指不同客户所消费的产品按种类、渠道\销售地点等指标划分的销售额。

(5) 客户未来分析(prospecting):包括客户数量、类别等情况的未来发展趋势、争取客户的手段等。

（6）客户产品分析（product）：包括产品设计、关联性、供应链等。

（7）客户促销分析（promotion）：包括广告、宣传等促销活动的管理。

9.1.2　CRM 中的客户类型

企业根据客户的忠诚度，把客户分成不同的类别，使之成为一个客户金字塔，也就是企业客户的结构分布，如图 9-1 所示。根据客户层次分布，我们可以得到 CRM 的几个考核指标。

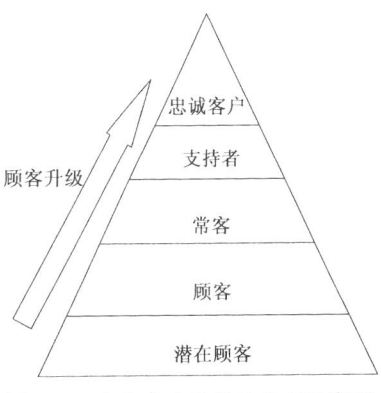

图 9-1　企业客户的结构分布示意图

（1）新增客户率：虽然关系营销从一定程度上改革了以往的营销手段，但它在很大程度上不是对过去传统营销的一次根本性"革命"，更多的只是对以往营销手段的一种补充。所以新增客户率依然是业绩考核中最重要的内容。

（2）流失客户率：即客户的保持率。

（3）升级客户率：客户关系管理的新内容，不断升级的客户给企业带来诸多的好处，因为客户升级，也就意味着"客户满意"。客户升级的最终目标是使客户成为企业品牌的忠实客户，使它们愿意与企业建立和保持长期稳定的关系，愿意为企业提供的产品和服务承担合适的价格，并且义务宣传企业产品和服务。

（4）客户的平均盈利能力：客户阶梯说明客户平均盈利能力是分层次的。

科特勒曾经将企业与客户之间的关系分成不同的 5 种程度，如表 9-1 所示。

但这 5 种程度的客户关系类型并不是一个简单的从优到劣的顺序，企业所能采用的客户关系的类型一般是由它的产品以及客户来决定的。根据企业的规模、企业客户数量以及企业产品的边际利润水平，企业选择适合自己的客户关系水平。

企业的客户关系类型或者说企业客户关系管理的水平并不是固定不变的，企业客户关系管理应该积极地从基本型到伙伴型方向移动。现在已经有越来越多的公司正在这样做，效果明显。

表 9-1

企业与客户的关系类型

基本型	销售人员把产品销售出去就不再与顾客接触。
被动型	销售人员把产品销售出去，并鼓动顾客在遇到问题或者有意见的时候和公司联系。

（续表）

负责型	销售人员在产品售出以后联系客户,询问产品是否符合顾客的要求;销售人员同时征求有关产品改进的各种建议,以及任何特殊的缺陷和不足,以帮助公司不断地改进产品,使之更加符合客户需求。
能动型	销售人员不断联系客户,提供有关改进产品用途的建议以及新产品的信息。
伙伴型	公司不断地与客户共同努力,帮助客户解决问题,支持客户的成功,实现共同发展。

9.1.3　CRM 系统体系理论

　　一般认为,CRM 是一种以客户为中心的市场营销理念和策略,它以信息技术为手段,对业务功能进行重新设计,并对工作流程进行重组。CRM 的焦点是自动化并改善销售、市场营销、客户服务和支持等领域的与客户关系有关的商业流程。它的目标是缩减销售周期和销售成本、增加收入、寻找扩展业务所需的新市场和渠道以及提高客户的价值、满意度、盈利性和忠诚度。图 9-2 描述了CRM 的体系结构。

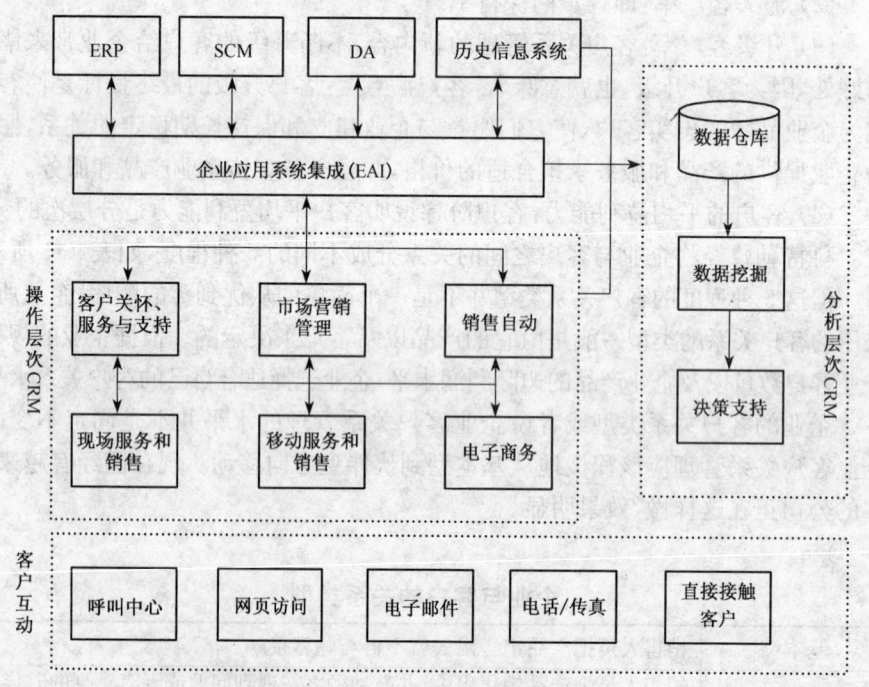

图 9-2　CRM 的体系结构示意图

从体系结构角度看,整个 CRM 架构可以分为 3 个关键部分:

(1) 客户互动层次:客户互动层次将传统的电话呼叫中心与网站、电子邮件、传真/信件、直接接触以及其他客户喜欢使用方式进行有机整合,形成可以处理各种通讯媒介的客户服务中心。客户可以采用任何一种自己喜欢的方式与企业进行有效的信息沟通和互动。

(2) 操作层次的 CRM:用于自动地集成商业过程,包括对销售、营销和客户服务 3 部分业务流程的信息化,客户接触点、渠道、前后端的集成。

(3) 分析层次的 CRM:用于操作层次 CRM 和客户互动产生的信息的分析处理,通过基于数据仓库的数据挖掘产生商务智能以支持企业战略战术的决策。

如图 9-2 所示,从接触中心收集来的信息,经过集成和分析,可以完整地、正确地得出客户的基本情况,所有这些信息,都被分类存储在数据仓库中。然后可以针对数据仓库进行深层次的分析,乃至数据挖掘。

在客户关系管理中客户服务可能是最关键的内容,企业提供的客户服务是能否保留满意的忠诚客户的关键。电话互动必须与 E-mail、传真、网站,以及其他任何客户喜欢使用的方式相互整合。随着越来越多的客户进入互联网通过浏览器来查看他们的订单或提出询问,自助服务的要求发展越来越快。客户服务能够处理客户各种类型的询问,包括有关的产品、需要的信息、订单清单、订单执行情况,以及高质量的现场服务。

通过对客户数据的全面分析来测量客户带给企业的价值以及衡量客户的满意度。搜集到的信息可显示客户类别、服务类别以及主要障碍等,这是作出管理报告和完成各种企业任务的基础。比如潜在消费的优先级定位、客户的个人消费偏向喜好或是正在处理的问题的种类等。

9.1.4　数据挖掘在客户关系管理中的应用

数据挖掘在 CRM 中的实施模型如图 9-3 所示。

客户数据是对客户信息进行分析的前提条件。这些基本数据中有客户的基本信息,比如性别、年龄、学历、自然住址和收入等。还有在营销活动中通过调研或咨询所获得的数据信息,包括个人喜好、对产品的个性化要求及其对产品性能和服务的意见、建议,对未来产品发展的期望和预测等。通过运用数据挖掘等技术对这些基本信息进行分析处理,挖掘潜在信息,定位和发现潜在用户和用户的潜在需求,并用于检验、修正和指导后期的生产和销售活动。

从客户关系管理角度出发,数据挖掘具体应该包括但不局限以下几个方面。

1) 客户保持

随着各行各业竞争的日益激烈,企业获得新客户的成本不断上升,如何保持

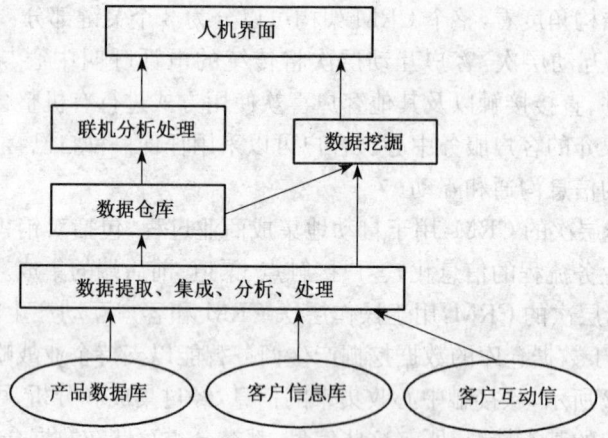

图 9-3　数据挖掘在 CRM 中的实施模型示意图

现有客户是所有企业面临的一个重要问题。

对于客户保持,企业可通过数据挖掘对客户数据库中大量的客户历史交易记录、人口统计信息及其相关资料进行分析和处理,对流失客户群作针对性研究,分析其特征,研究哪些因素会导致客户流失,建立流失客户模型,识别导致客户流失的模式,然后根据分析结果到现有客户资料中找出可能转移的客户,并结合流失客户模型,分析模型和结果,以便使企业制定一些让这些潜在离开者留下来的最适宜的计划和方案,改善客户关系,争取保持客户并提高收益。也有些企业利用神经网络根据客户的消费行为与交易记录对客户的忠诚度进行计算和排队,在此基础上排出流失率的等级,针对不同客户采用不同的客户保持策略。

在客户保持中一般涉及 3 个数据挖掘的模型:首先建立模型用来预测和识别潜在的流失者,然后通过数据挖掘识别潜在的流失者中的黄金客户,最后利用聚类分析等方法对黄金客户中的潜在流失者数据进行分析挖掘,识别其行为模式,从而有针对性地对客户采取相应的措施,以求保持客户。

2) 交叉销售

交叉销售就是为原有的客户销售新的产品和服务。交叉销售是建立在双赢的原则上。对客户来讲,要得到更多更好满足其需求的服务并从中受益;对企业来讲,也会因销售的增长而获益。

企业利用数据挖掘技术可以从数据库所存储的客户信息尤其是以前购买行为的信息中,寻找影响客户购买行为的关键因素,并建立预测模型对客户将来的购买行为进行预测分析。数据挖掘中的关联分析经常被用来帮助企业发现一些隐含的、微妙的且极具商业价值的关系。这种挖掘过程一般分为两步:首先,发现所有的频繁项集,这些项集的频度至少应等于最小支持频度,从而找出所有可能被一起购买的关联商品;然后,根据所获得的频繁项集产生相应的强关联规则,这些规则必须满足最小信任阀值,从而找出一些购买可能性足够大的关联商品。

3) 个性化市场营销

成功的市场营销必须依赖于对客户的了解,每一次营销活动都应该具有针对性,进行个性化营销,这样才能降低营销成本,提高用户响应率。企业利用数据挖掘的聚类分析技术可以对数据仓库中收集、加工和存储的大量客户信息进行分析和处理,根据客户的消费心理、消费习惯、偏好程度、购买频率、收入水平等因素把大量的客户进行分类,这些类应满足"类内部对象具有最大的相似度,而各类间的对象具有最小的相似度"的基本聚类分析原则,使得同类客户具有相似的偏好和需求。然后企业可以根据不同客户群特征,提供差异化营销策略。

4) 新客户的获取

虽然"企业争取1个新客户的成本是保留1个老客户的7~10倍",但获取新客户仍然是企业不断成长的关键,是客户生命周期的第一步。企业发展需要不断获得新客户。企业可以利用数据挖掘对通过决策树等方法建立预测模型,以此来显示哪些客户将对营销活动作出响应,接着用神经网络建立信用评分模型,最后将这两个模型结合起来发现潜在客户。提高营销活动响应率,找到正确的营销对象,并对其采用感兴趣的个性化营销方案,以求获得新的客户。

5) 客户盈利能力分析

"二八律"在现实生活中有着广泛应用,它在客户盈利能力方面同样适用,即80%的利润来自20%的客户。由此可见,不同客户的盈利能力对企业的利润贡献是不同的。

企业可以设置一些计算盈利能力的参数,利用数据挖掘对客户信息和客户历史交易记录、售后服务等进行分析,得出每位客户的盈利能力,对客户进行分类,预测客户未来的购买模式和购买行为。这样就可以在市场营销过程中对那些有价值和有潜在价值的客户投入较多资金,向其提供及时的个性化服务,留住这类客户,并有针对地对其采用交叉销售等手段提高客户的盈利能力。对那些低利甚至无利的客户则可以避免花费过多精力和财力保留,避免无目标地开发新客户,从而可以使企业有效地降低成本,提高收益。现在很多企业都有 VIP 客户,并且针对他们提供相关的个性化服务制定有个性化的营销策略,以求留住高利润客户。

9.2　实例研究背景
——Foodmart 简介及 DB 分析

随着人们越来越多的使用互联网,电子商务浪潮正在全球范围内快速改变传统的商业模式,传统企业管理的着眼点往往在后台,在 ERP 系统的帮助下,它们实现了这种内部商业流程的自动化,提高了生产效率。而对于前台,企业管理没有投入很多的关注,面对诸如哪种产品最受欢迎、原因是什么、有多少回头客,哪些客户是最赚钱的客户,售后服务有哪些问题等,大部分企业还只能依靠长期以来的经验推测。如何有效地处理海量客户信息,从中挖掘判断出客户的消费趋向,实施更有针对性的营销成为摆在电子商务企业面前的一大问题。电子商务企业在与客户接触时,采用最多的是网络手段,这也决定了商家对客户的管理以及与客户保持联系,不能再依靠传统人际营销,而是更依赖于对客户的消费习惯以及个人偏好的把握,使得商家能够作出准确的判断。

对企业而言,数据挖掘有助于发现业务发展的趋势,帮助企业作出正确的决策,使企业处于更有利的竞争位置。数据挖掘中应用的技术包括经典的统计、近邻、聚类,也包括最新发展起来的决策树、神经网络和关联规则等一些较新的方法。由于数据挖掘能带来显著的经济效益,它在电子商务中(特别是金融业、零售业)的应用也越来越广泛。

在金融领域,管理者可以通过对客户偿还能力以及信用的分析,进行分类,评出等级,从而可减少放贷的麻木性,提高资金的使用效率。同时还可发现在偿还中起决定作用的主导因素,从而制定相应的金融政策。更值得一提的是,通过对数据的分析,还可发现洗黑钱以及其他的犯罪活动。

在零售业,随着"以客户为中心"的经营理念的不断深入人心,分析客户、了解客户并引导客户的需求已成为企业经营的重要课题。基于数据挖掘技术,企业将最大限度地利用客户资源,开展客户行为的分析与预测,对客户进行分类,有助于客户盈利能力分析,寻找潜在的有价值的客户,开展个性化服务,提高客户的满意度和忠诚度。通过 Web 资源的挖掘,了解客户的购买习惯和兴趣,从而改善网站结构设计,推出满足不同客户的个性化网页。

利用数据挖掘可以有效地获得客户。比如,通过数据挖掘可以发现购买某种商品的消费者是男性还是女性,学历、收入如何,有什么爱好,是什么职业等。甚至可以发现不同的人在购买该种商品的相关商品后多长时间有可能再购买该种商品,以及什么样的人会购买什么型号的该种商品等。在采用了数据挖掘后,针对目标客户发送的广告的有效性和回应率将得到大幅度提高,推销的成本将大大降低。同时,在客户数据挖掘的基础上,企业可以发现重点客户和评价市场性能,制定个性化营销策略,拓宽销售渠道和范围,为企业制定生产策略和发展规划提供科学的依据。通过呼叫中心优化与客户沟通的渠道,提高对客户的响应效率和服务质量,促进客户关系管理的自动化和智能化。

比较有名的几个电子商务网站,如淘宝网、当当网、卓越亚马逊网,它们都在使用数据挖掘技术来给用户提供个性化的服务的,这能使用户在最短时间内得到需要的商品而且在某种程度上能产生需求。有时候用户并没有意识到自己对某种商品的需求,但是经过系统的分析,用户就会意识到这种需求。

本章实例研究的数据来自某零售企业,来自 Microsoft Analysis Service 所带的一个实例 Foodmart,这是关于名为 Foodmart 超市会员卡客户表以及销售记录的数据库。库中包括了客户基本信息表、产品分类表、销售记录表以及产品基本信息表等,是一个数据全面、建表合理的数据库。

该零售业主要从事食品及饮料的销售业务,其种类繁多。在产品分类中可将销售产品分为 18 个大类,涉及肉类、奶制品、海鲜等各种食品。该企业还采用会员制,客户都可以在该企业办理会员卡,这样企业也便于搜集客户的基本信息,提高对客户的服务质量。

购物篮指的是超级市场内供顾客购物时使用的装商品的篮子,当顾客付款时这些购物篮内的商品被营业人员通过收款机一一登记结算并记录。所谓的购物篮分析,就是通过这些购物篮子所显示的信息来研究顾客的购买行为。消费者的购物篮隐含着重要且有价值的信息,等待人们去发掘。

关联规则的应用,其目的旨在发掘销售行业中客户购买商品的潜在规律,发掘最合理的销售匹配。一方面是对于购买频率较高的商品组合,找出那些购买了组合中大部分商品的顾客,向他们推销"遗漏的"商品;另一方面是对每个顾客找出比较适用的相关规则,向他们推销对应的商品系列。这样做不但可以增加企业各类商品的销售量,同时也增加了客户的满意度,实现了企业和客户双赢的局面。

本章所使用的数据来自 Foodmart 公司数据库中某一年的全部销售记录。该公司是利用 SQL Sever 2005 建立的销售数据库,命名为 Foodmart_2000。数据库中包含了商品表、顾客表、销售表、时间表等多张数据表。数据库中包含的部分表及相互关系如图 9-4 所示。

(1) 销售表(sales_fact):记录了所有售出商品的交易记录,表中字段包括销售成本(store_cost)、商品代码(product_id)、顾客代码(customer_id)、时间代码(time_id)、销售价格(store_sales)和销售数量(unit_sales)等。销售数据表并不能直接用来数据挖掘,我们需要某位顾客一次性购买行为中的所有商品记录,即

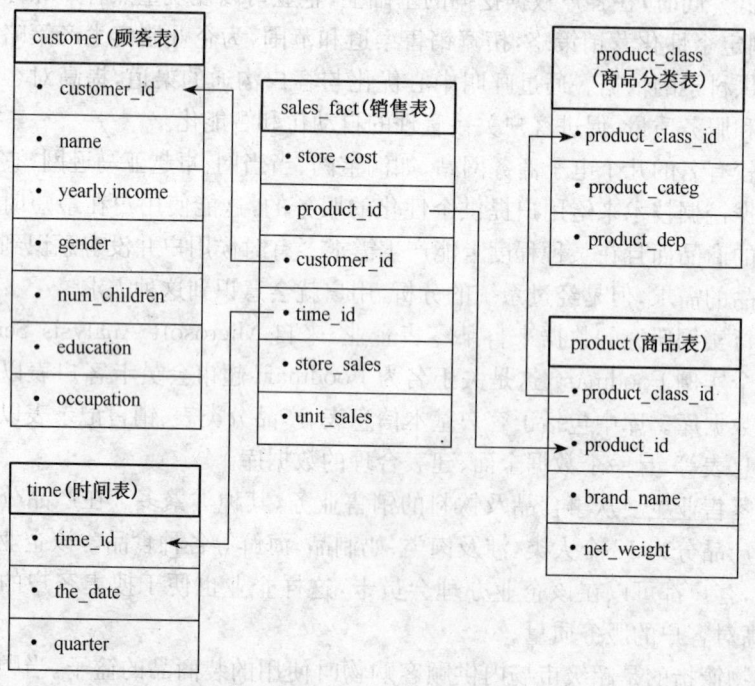

图 9-4　Foodmart 公司数据库表及相互关系示意图

"购物篮"数据,因此我们需要结合其他数据表进行整合。

(2)顾客表(customer):描述顾客属性。包括顾客代码(customer_id)、顾客姓名(name)、收入(yearly_income)、性别(gender)、家中小孩人数(num_children)、教育程度(education)、职业(occupation)等。

(3)商品表(product):描述商品属性。包括商品分类代码(product_class_id)、商品代码(product_id)、商品名称(product_name)、商标名称(brand_name)、净含量(net_weight)等。

(4)商品分类表(product_class):因为商品品种繁多,因此商品分类描述表主要用来进行商品分类,同类商品被分为一类。包括商品分类代码(product_class_id)、商品所属种类(product_category)、商品所属部门(product_department)。

(5)时间表(time):记录具体的交易时间。包括时间代码(time_id)、交易日期(the_date)、交易季度(quarter)等。

Foodmart 零售公司所销售的商品以食品为主,根据数据库中的商品分类表,商品可分为以下几类,如表 9-2 表示。

表 9-2

商品分类描述表

分类代码 (product_class_id)	分类描述 (description)	分类代码 (product_class_id)	分类描述 (description)
1	烘焙食品 (baking goods)	10	蛋类产品 (eggs)
2	酒精类饮料 (wine and beer)	11	海鲜 (seafood)
3	罐装食品 (canned)	12	冷冻甜点(frozen dessert)
4	糖果食品 (candy)	13	水果 (fruit)
5	早餐食品 (breakfast food)	14	果酱果冻(jams & jellies)
6	奶制品 (dairy)	15	肉类 (meat)
7	软饮料 (drink)	16	休闲食品 (snack food)
8	汤类食品 (soup)	17	特产 (specialty)
9	淀粉食品 (starchy foods)	18	蔬菜(vegetables)

　　根据我们的数据挖掘目标和具体的业务需求,我们需要选择并整合现有购物数据库中的 7 张表。即利用自己的领域知识,选出各个表中大部分合适的、对我们数据挖掘工作有用的变量,以及与之相关的所有记录。比如,我们需要选取销售表中的"product_id"、"customer_id"、"time_id"变量,商品分类表中的"product_category"变量,同时我们放弃销售表和商品表和商品销售表中的其他变量等。利用 SQL 查询语句在 SQL Sever 中建立一张新表,记录所有整合后的购物数据,表名为 sales_data。从新表中可以看出 1 年内 8 000 位会员客户购买了将近 16 万件商品。SQL 查询建表语句如下:

```
select product_class. product_category, sales_fact_1998. product_id, sales_fact_
1998. time_id,
sales_fact_1998. customer_id，product. SRP, sales_fact_1998.
unit_sales
into sales_data
from sales_fact_1998 inner join product on    sales_fact_1998. product_id =
product. product_id
inner join product_class on product. product_class_id = product_class. product_
class_id
```

9.3　购物数据的预处理

在数据"清洗"的时候,需要进行数据的正确性检验、数据的一致性检验,以及缺失值的处理。购物数据预处理如图 9-5 所示。

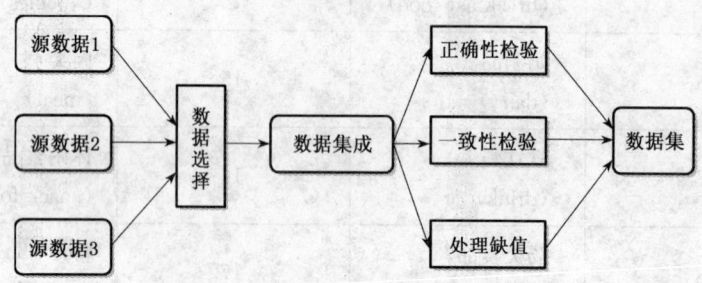

图 9-5　购物数据预处理示意图

首先,我们要进行数据正确性的检验。如通过观察数据表 sales_data 中各个数据域,会发现有些域中包含了不正确的值。例如,商品代码录入有误等。为了不影响整体的挖掘效果,只能将错误记录删除。

其次,检查数据的一致性。数据在录入或导入导出的过程中会产生数据的不一致,错列就是一种典型的数据不一致性,即数据表中出现了列与列之间的错位。对于此类不一致的数据,只需要将数据库中的数据作一些相应调整即可。

最后,处理缺失值。通过观察数据表 sales_data 中的各个数据域,我们发现数据表中的某些字段存在一定数量的缺失值。在处理数据缺失的情况时有多种方法,最直接的方法就是将含缺失数据的记录集直接删除,在处理大量数据时,可以大大降低处理数据缺失情况的工作量。在获取数据时,我们一定要重视数据集的完整性。

处理缺失值后的部分客户购买数据如表9-3所示。

表9-3

部分客户购买数据

product_category	product_id	time_id	customer_id	SRP	unit_sales
vegetables	173	748	2 094	1. 430 0	3
jams and jellies	1 242	748	2 094	1. 980 0	4
snack foods	1 467	769	8 231	3. 880 0	4
beer and wine	1 517	769	1 523	0. 58	4
canned	1 280	769	1 523	1. 37	3
fruit	193	951	4 787	3. 68	2
drink	317	951	7 843	2. 180 0	3
meat	1 316	951	7 843	0. 71	2

9.4 数据集成与转换

数据集成与转换是将预处理后的数据转换成某个数据挖掘算法可以接受的形式,并产生衍生变量。因此,在本研究中,我们在分析顾客购物记录时,需要描述某顾客在一次购物中购买了哪些商品。为了简化模型,本章我们主要研究Foodmart公司食品销售的购物篮分析。

在对顾客的购物信息进行统计之后,我们得到了近8 000名顾客的消费信息。根据表9-2的分类,我们客户在这1年时间里所购买的所有商品分成了18类,因此,对于每个客户来说,我们得到了1~18个不等的统计变量,分别是:P1、P2、P3、…、P18。根据这些变量,建立新的销售数据表。为了简化模型,本次实验中我们利用SQL语句从新的销售记录表中随机抽取了500条客户购买记录作为本次实验的挖掘数据。随机抽取数据的SQL语句如下:

```
select top 500 ＊ from 新表 order by NEWID()
```

表9-4显示了新表中部分的数据集。

表 9-4

部分销售数据表

time_id	customer_id	P1	P2	P3	P4	P5	P6	P7
999	4 384					Y		
884	3 550					Y	Y	
1 062	1 784							
732	7 279							
987	5 019							
999	8 163			Y		Y	Y	
1 039	2 060							Y
965	5 712						Y	
817	8 497							
793	2 571		Y				Y	Y
960	6 201							Y
1 059	4 564	Y					Y	
1 010	5 642					Y	Y	
956	1 455	Y				Y	Y	
928	3 328					Y		
1 007	9 747							
958	728							Y
1 053	3 661			Y				
752	5 374					Y		
975	8 674							
904	3 085		Y		Y			
898	5 654							Y
1 002	8 364							Y
907	4 528							
857	2 084	Y		Y		Y		
848	4 586							
1 038	3 577							Y
889	4 498			Y				Y

9.5　建立 Foodmart 公司购物篮分析模型

购物篮分析模型如图9-6所示。该模型使用关联分析的 Apriori 挖掘算法。

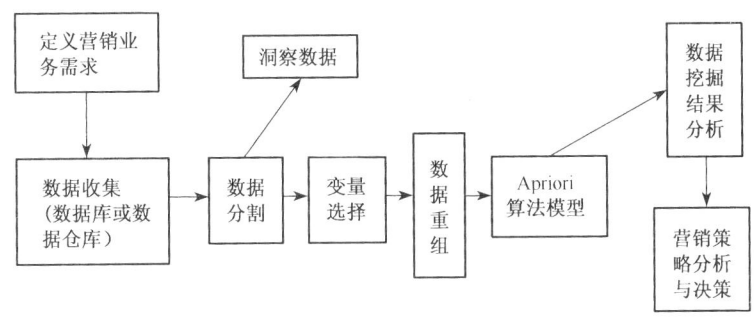

图9-6　购物篮分析过程模型示意图

9.6　WEKA 软件挖掘过程

下面将表9-4所示的销售数据输入数据挖掘软件 WEKA,设立相关变量属性,来挖掘消费者的购物篮特性。具体操作步骤如下:

由于 WEKA 软件存储数据的格式是 ARFF(Attribute-Relation File Format)文件,所以我们要先将数据库里的数据保存为 CSV 文件格式,然后在 WEKA 里转换成 ARFF 文件。将 CSV 转换为 ARFF 最迅捷的办法是使用 WEKA 所带的命令行工具。运行 WEKA 的主程序,出现 GUI 后可以点击输入命令:

java weka. core. converters. CSVLoader supermarket. csv>supermarket. arff

这样就获得了用于 WEKA 的 ARFF 文件,可以进行后面的数据挖掘工作了。

将数据导入 WEKA 之后,先要对数据进行预处理,帮助改善数据的质量,进而帮助提高数据挖掘进程的有效性和准确性。

在 WEKA 中,有预处理模块,选择模块中的【Normalize】算法过滤数据,并且对多余属性进行去除。单击【Apply】按钮,得到数据预处理的结果,如图9-7所示。

在对数据预处理完毕之后,我们选择 WEKA 软件中的【Associate】模块进行数据关联度分析,并在【Choose..】选项中选择 Apriori 算法,如图9-8所示。

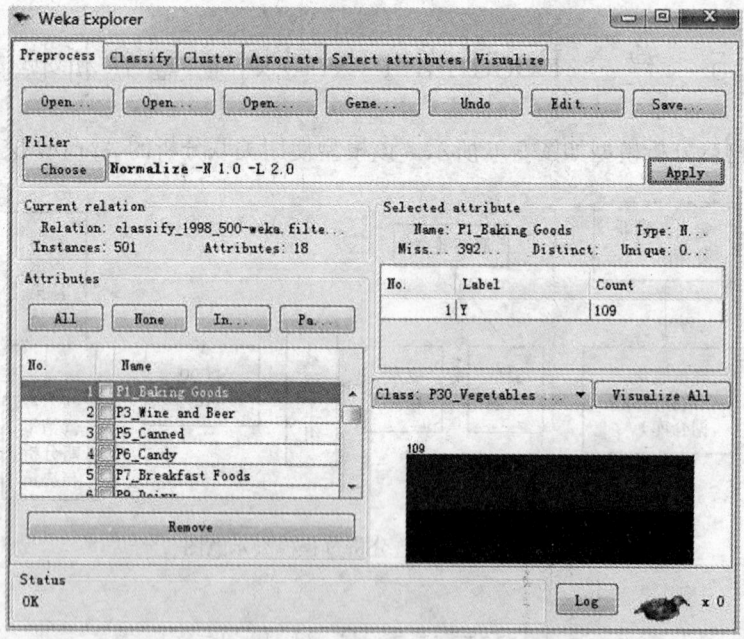

图 9-7　数据预处理结果示意图

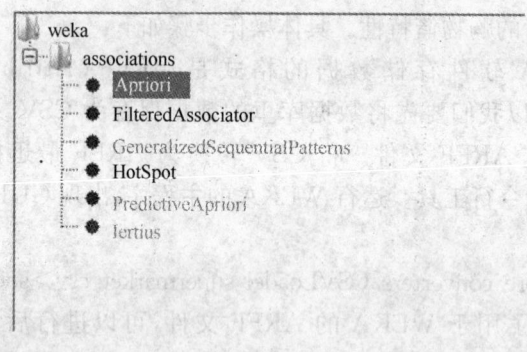

图 9-8　选择 Apriori 算法示意图

Apriori 算法中要对必要的参数进行设置,其中最重要的是最小支持度和最小置信度这两个参数,其直接影响到数据挖掘的结果以及效果。关联度分析中的 Apriori 算法的参数设置如图 9-9 所示。

对这两个参数解释及设置如下:

(1) 最小支持度阈值(LowerBoundMinSupport)决定关联规则必须满足的最小支持度,表示一组物品集在统计意义上需满足的最低程度,对不满足这一要

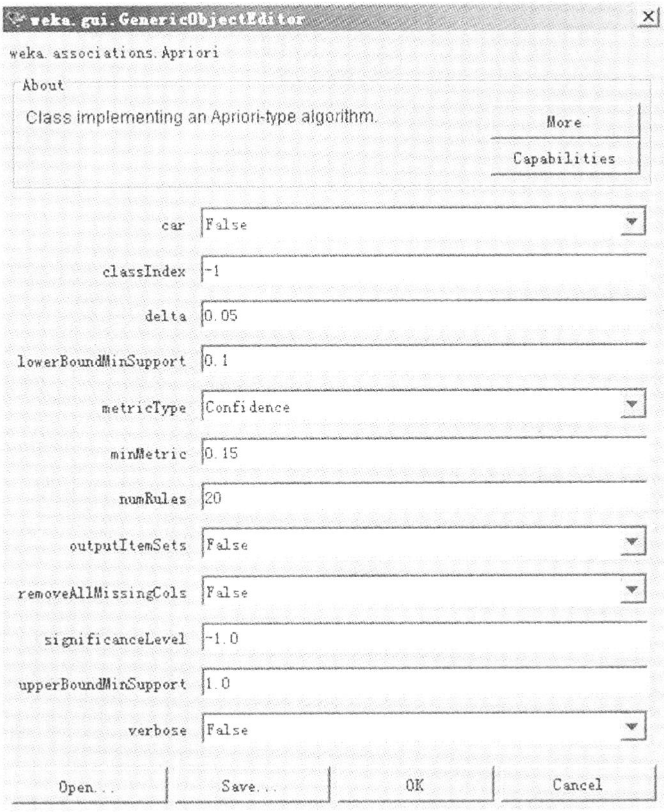

图 9-9　Apriori 关联规则挖掘的参数设置示意图

求的任何子集，WEKA 都会予以去除。值越小，算法的运算效率越低，产生的关联规则会越多；值越大，算法越容易丢失相应的重要模型类型。一般情况下的推荐值为模型集大小的 10%～25%。在本研究中，采取默认值，取值为 10%，即 0.1。

（2）最小置信度阈值（metricType：Confidence，minMetric）反映了关联规则的最低可靠度。WEKA 只将置信度大于最小置信度阈值的关联规则视为强关联规则。该值越大，获得的关联规则越少，可能丢失的有用规则就越多。本研究中取值为 0.15。

此外，用户还可以自定义关联规则获得的条数（numRules）。为了简化模型，本次研究中设定关联规则获得的条数为 20 条。

提取 Foodmart 消费者关于食品购物篮特征规则。

对于算法参数设置完毕之后，我们就可以点击【Start..】按钮运行，我们得到了如下的软件运行报告。

===Run information===

Scheme：weka. associations. Apriori-N 20-T 0-C 0. 15-D 0. 05-U 1. 0-M 0. 1-S-1. 0-c-1

Relation：　　classify_1998-weka. filters. unsupervised. attribute. Remove-R1-2

Instances：　500

Attributes：　18

　　　　　　　　P1_Baking Goods

　　　　　　　　P2_Wine and Beer

　　　　　　　　P3_Canned

　　　　　　　　P4_Candy

　　　　　　　　P5_Breakfast Foods

　　　　　　　　P6_Dairy

　　　　　　　　P7_Drink

　　　　　　　　P8_Soup

　　　　　　　　P9_Starchy Foods

　　　　　　　　P10_Eggs

　　　　　　　　P11_Seafood

　　　　　　　　P12_Frozen Desserts

　　　　　　　　P13_Fruit

　　　　　　　　P14_Jams&Jellies

　　　　　　　　P15_Meat

　　　　　　　　P16_Snack Food

　　　　　　　　P17_Specialty

　　　　　　　　P18_Vegetables

=== Associator model (full training set) ===

Apriori

=======

Minimum support：0. 1 (50 instances)

Minimum metric <confidence>：0. 15

Number of cycles performed：18

Generated sets of large itemsets：

Size of set of large itemsets L(1)：13

Size of set of large itemsets L(2): 10

Best rules found:

1. P15_Meat=Y 122 ==> P18_Vegetables=Y 66 　　　　conf:(0.54)
2. P1_Baking Goods=Y 109 ==> P18_Vegetables=Y 57 　　conf:(0.52)
3. P6_Dairy=Y 137 ==> P18_Vegetables=Y 70 　　　　conf:(0.51)
4. P13_Fruit=Y 158 ==> P18_Vegetables=Y 76 　　　　conf:(0.48)
5. P7_Drink=Y 136 ==> P18_Vegetables=Y 60 　　　　conf:(0.44)
6. P5_Breakfast Foods=Y 144 ==> P18_Vegetables=Y 63 　conf:(0.44)
7. P16_Snack Food=Y 169 ==> P18_Vegetables=Y 72 　　conf:(0.43)
8. P13_Fruit=Y 158 ==> P16_Snack Food=Y 62 　　　　conf:(0.39)
9. P7_Drink=Y 136 ==> P16_Snack Food=Y 51 　　　　conf:(0.38)
10. P16_Snack Food=Y 169 ==> P13_Fruit=Y 62 　　　　conf:(0.37)
11. P5_Breakfast Foods=Y 144 ==> P13_Fruit=Y 51 　　conf:(0.35)
12. P18_Vegetables=Y 228 ==> P13_Fruit=Y 76 　　　　conf:(0.33)
13. P13_Fruit=Y 158 ==> P5_Breakfast Foods=Y 51 　　conf:(0.32)
14. P18_Vegetables=Y 228 ==> P16_Snack Food=Y 72 　　conf:(0.32)
15. P18_Vegetables=Y 228 ==> P6_Dairy=Y 70 　　　　conf:(0.31)
16. P16_Snack Food=Y 169 ==> P7_Drink=Y 51 　　　　conf:(0.3)
17. P18_Vegetables=Y 228 ==> P15_Meat=Y 66 　　　　conf:(0.29)
18. P18_Vegetables=Y 228 ==> P5_Breakfast Foods=Y 63 　conf:(0.28)
19. P18_Vegetables=Y 228 ==> P7_Drink=Y 60 　　　　conf:(0.26)
20. P18_Vegetables=Y 228 ==> P1_Baking Goods=Y 57 　conf:(0.25)

结果分析：

分析上述结果，我们得到如下的部分强关联规则，如表 9-5 所示。

表 9-5

部分强关联规则

序号	关 联 规 则	置信度
1	P15_Meat=Y ==> P18_Vegetables=Y	0.54
2	P1_Baking Goods=Y ==> P18_Vegetables=Y	0.52
3	P6_Dairy=Y ==> P18_Vegetables=Y	0.51
4	P13_Fruit=Y ==> P18_Vegetables=Y	0.48
5	P7_Drink=Y ==> P18_Vegetables=Y	0.44

（续表）

序号	关 联 规 则	置信度
6	P5_Breakfast Foods＝Y＝＝＞ P18_Vegetables＝Y	0.44
7	P16_Snack Food＝Y＝＝＞ P18_Vegetables＝Y	0.43
8	P13_Fruit＝Y ＝＝＞P16_Snack Food＝Y	0.39
9	P7_Drink＝Y＝＝＞ P16_Snack Food＝Y	0.38
10	P16_Breakfast Foods＝Y ＝＝＞ P13_Fruit＝Y	0.35

9.7　结 果 分 析

从上述规则中我们可以得出如下结论：

从规则 1～7 可以看出有相当多的顾客在购买肉类、早餐食品、牛奶、烘焙食品、水果零食的情况下，都购买了蔬菜食品。而从规则 8 我们可以看出，有不少客户在购买水果的同时，也会购买休闲食品。此外，我们还可以从规则 9 看出，一部分人在购买非酒精软饮料的同时，也会购买休闲食品。最后规则 10 表明，一定的客户在购买早餐食品的时候，也会购买水果。

从上面的结果分析，我们初步提出以下的销售策略。

蔬菜类食品可以同肉类、奶制品、水果、早餐类食品等食品陈列在一起或相邻，这样可以起到相互促进销售的作用。

水果产品可以同休闲食品搭配销售，在摆放货架时，应将其两类商品按相邻原则摆放，可方便顾客选购。

休闲食品最好能够同软饮料商品搭配销售，这也符合人们的购买习惯。

最后早餐食品可与水果商品货架摆放相邻，这也符合一般人对健康饮食的需求。

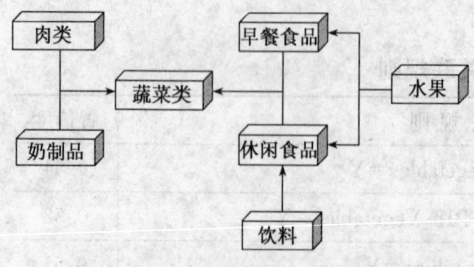

图 9-10　部分商品货架摆放推荐示意图

图 9-10 是 Foodmart 公司部分商品货架摆放推荐示意图。

基于上文我们对 Foodmart 公司购物篮的分析，我们得出了哪些商品消费者最有希望一起购买，进而可以找出商品之间的规律，并针对不同的商品设计有针对性的销售策略，从而将有限的资源集中到细分的商品销售上，提供个性化的商品销售模式，最终增加企业的经济效益，提高企业竞争力。

对企业来说,可以增加产品的销量,进而增加企业的盈利。同时也获得了客户的忠诚度和满意度。对客户来说,企业一定程度上满足的客户的潜在需求,购物的过程也变得更加便捷,同时也提高了自身对企业的满意程度,最终达到企业和客户共赢的目的。

在实践中,影响客户购买行为的因素很多,本章利用了数据挖掘技术来分析顾客购买行为背后潜在的规律。但由于顾客购买行为的复杂性,我们不可能完全科学地发掘并解释这些购买行为,只是从数据分析的角度探索了这个方向的问题。

在本章最后,我们再谈谈影响消费者购物的主要因素。

(1) 人文因素:人种、宗教、教育、年龄、性别、阶层、职业、生活习惯、婚姻状况等这些人文因素直接影响着消费者的购物习惯和行为。

(2) 经济因素:消费者购物亦直接受经济因素(包括经济能力、居住空间、居住环境、家庭大小)和印象因素(口碑、品牌知名度、广告、亲友推荐、道听途说)以及气候因素(温度、湿度、晴朗、风雨、雷电)的影响。

(3) 价值因素:包括价格、折扣、质量、正货包装规格(重量、尺寸、体积或颜色)、款式或质料、流行性、美味、实用性、耐久性等。

(4) 环境因素:零售企业的管理者和营业人员可以影响的环境因素,如购物气氛(灯光、影像、音乐、指标)、停车方便、交通便利、走道宽敞、温度适中、服务人员礼貌、清洁及整洁、指示清楚、售后服务、展销及体验、结账速度、商品包装、手推车、商品运送等。

(5) 知觉及记忆因素:两者都带有选择性,在众多存在的信息中,展现给个体的又只是很少的一部分,而展现给个体的信息中又只有极小一部分得到关注并被传递到大脑进行处理。

(6) 动机因素:动机促发了顾客的购买目标,是购买行为的原因,是刺激和促发购买行为反应并为这种反应指明具体方向的内在力量。马斯洛(Maslow)的需要层次理论把动机分为 5 个层次:生理动机、安全动机、归属动机、尊重动机和自我实现动机。生理动机是对食物、水、睡眠的需要;安全动机是寻找安全、稳定、熟悉的环境;归属动机是爱情、友谊、亲情、归属感;尊重动机是地位、优越感、自尊、声望、成就感;自我实现动机是全面发展、充分发挥潜能、实现所能实现的一切的愿望。

(7) 个性因素:此因素使不同的顾客选择不同的商品来购买,个性是个体在面临相似情况时所作出的有特性反应的倾向。个性的个体理论认为,人的行为是由所有人都共有,但程度有异的一些内在特征所决定的。

(8) 情绪因素:通常是由环境中的事件引发的,愤怒、愉快、悲哀往往是对一系列外在事件的反应。情绪以一种高度激活的心理状态为特征,当个体被激活时,他变得更警觉和活跃。由于有了这种高度概括的心理状态,情绪性信息较中性信息可能会得到更全面的加工。

9.8　习　　题

1. 运用 WEKA 工具第 3 章习题 1 中数据集进行关联分析。
2. 在网上搜索客户关系管理的数据集,运用 WEKA 工具进行关联分析。

第 10 章
分类分析和聚类分析在客户关系管理的综合应用

10.1 Foodmart DB 客户数据分析

本章所有数据仍为 Foodmart 零售公司的销售数据,在此对于数据背景不再赘述。同时本章所应用的数据挖掘软件也仍为 WEKA 数据挖掘软件,所以对于数据挖掘软件也不再详述。

客户分类是指按照已知的目标属性将一个大的消费群体划分为一个个细分群的动作,同属于一个细分群的消费者彼此相似,而隶属于不同细分群的消费者被视为不同类别。通过对客户进行分类,决策者可以从比较高的层次上来观察整个数据库中的数据,并可以用不同的决策对待处于不同细分群中的客户。

本章的客户分类是对 Foodmart 零售公司顾客进行分类,在目前客户终身价值研究还没有成熟的情况下,采用基于购买行为的客户分类方法不失为一种有效的选择。

对于零售企业而言,通过一定的技术将客户细分为不确定型客户、经常性客户和乐于消费型客户,然后对每一类客户的特征进行分析,有助于提高营销活动的针对性和有效性,有助于客户关系管理的良好实施。零售业客户人数众多,购买行为数据量十分庞大,通过运用数据挖掘中的聚类分析和决策树技术,可以对零售业客户群进行合理的细分。客户分类总体结构如图 10-1 所示。

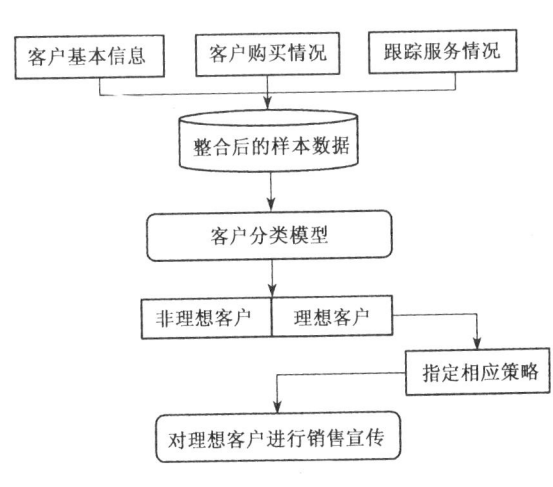

图 10-1 为客户分类的总体结构示意图

10.2　决策树分类算法数据准备

10.2.1　数据的预处理

数据的预处理是数据挖掘过程中一个十分重要的环节,可能需要花费掉挖掘过程中的 70% 的时间。实践表明,如果数据准备的工作做得十分到位,则在模型建立阶段就会节省大量的精力。

本章的数据来自 Foodmart 公司的数据库,包括公司日常营业的商品销售记录以及顾客的基本信息等。这些原始的数据存在一些噪声数据、空缺数据和不一致性数据,这些数据的存在对数据挖掘结果会产生比较大的影响。因此,在数据挖掘前,对数据进行预处理,显得十分的有必要。

1) 数据抽取

从数据源中得到的历史数据存在着量大、属性繁多、跨地域、定义复杂、不完整等特征。我们需要从大量的数据中选择合适分析的数据。

2) 数据清理

记录中有些字段的值为空,对这样的记录要作相应的处理,可以将这些字段为空记录的平均值,或赋予最常见的值,或根据值的分布情况赋予其他的值。本书中采用 SQL 语言将空值记录删除掉。

10.2.2　数据集成与转换

数据集成与转换是将预处理后的数据转换成某个数据算法可以接受的形式,并产生衍生变量。因此,在本章研究中,我们分析客户关系中的客户分类,需要定义哪些自然属性会对客户购买行为构成影响。我们选择的自然属性如表 10-1 所示。

表 10-1

属 性 描 述

编号	属性描述	编号	属性描述
1	性别(gender)	4	受教育水平(education)
2	家庭孩子数(num_child_at_home)	5	年收入(yearly_income)
3	职业(occupation)		

为了简化模型,本章实验中,我们从数据库中随机抽取 500 客户的基本信息

作为该实验的样本数据,部分数据如表 10-2 所示。

表 10-2

客户部分数据

customer_id	gender	num_chil	education	occupation	yearly_income
2 112	M	2	Partial College	Professional	$30K~$50K
2 115	M	1	Bachelors Degree	Professional	$50K~$70K
2 139	F	3	Partial High School	Skilled Manual	$10K~$30K
2 152	F	0	Partial High School	Manual	$10K~$30K
2 164	F	5	High School Degree	Manual	$30K~$50K
2 165	M	0	Partial College	Skilled Manual	$30K~$50K

10.3　零售业客户决策树分类模型的建立

客户分类的具体方法分为两个步骤:

(1) 根据客户的平均购买额和购买次数,采用聚类方法对客户进行分类,这样每一位客户都有一个确定的分类。

(2) 选用决策树模型对客户构建决策树,以对客户的特征进行进一步分类分析。

10.3.1　聚类分析

根据 RFM 分析,我们决策采用客户一段时间内的购买次数以及每次的平均购买额来作为客户分类的主要依据,结合实际情况,一般客户可以分为以下 4 大类。如表 10-3 所示。

表 10-3

客 户 类 型

客户类型	类型说明	客户类型	类型说明
C1	最优型客户	C3	不确定型客户
C2	经常型客户	C4	消费型客户

在数据库,我们首先需要建立 1 张客户的聚类分析表,里面主要包含客户代码、客户 1 年内消费次数(TCP)、客户平均每次消费额(average)等属性.

聚类分析的软件仍为 WEKA 数据挖掘软件,首先将数据转换为软件可识

别的 ARFF 格式,点击软件主界面中的【cluster...】,进行聚类分析。如图 10-2
所示。

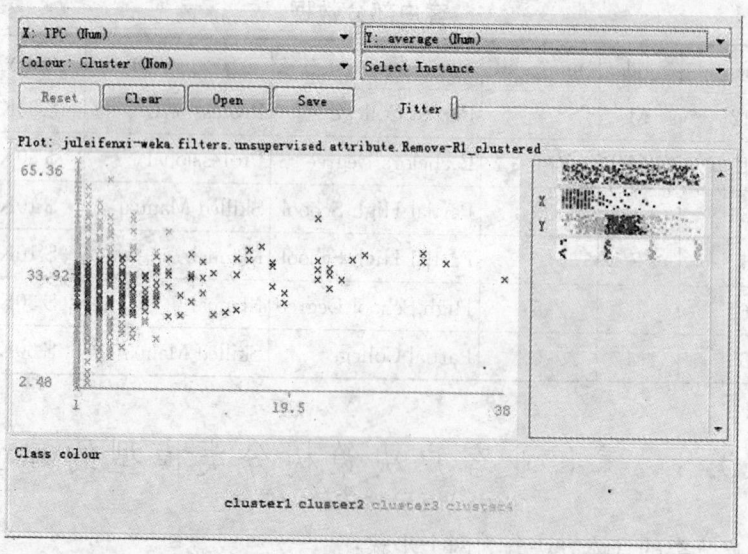

图 10-2　聚类示意图

从聚类分析的二维图中我们可以清晰地看出,测试数据被归为了 4 大类:
cluster1、cluster2、cluster3、cluster4。

下面为 WEKA 的运行报告。

=== Run information ===

Scheme: weka. clusterers. SimplekMeans - N 4-A
"weka. core. EuclideanDistance-R first-last" -I 500-S 10
Relation: juleifenxi-weka. filters. unsupervised. attribute. Remove-R1
Instances: 　 500
Attributes: 　2
　　　　　　 TPC
　　　　　　 average
Test mode: 　 evaluate on training data

=== Model and evaluation on training set ===

kMeans
======

Number of iterations：9

Within cluster sum of squared errors：5. 481513873470709

Missing values globally replaced with mean/mode

Cluster centroids：

Cluster #

Attribute	Full Data	0	1	2	3
	(500)	(28)	(235)	(143)	(94)
TPC	4. 218	21. 428 6	4. 114 9	2. 174 8	2. 457 4
average	29. 243 9	35. 574 5	30. 391 8	15. 044 7	46. 089 6

Clustered Instances

0	28(6%)
1	235(47%)
2	143(29%)
3	94(19%)

从分析报告中我们可以得出聚类挖掘结果,如表 10-4 所示。

表 10-4

聚类挖掘结果

簇	簇中心		簇成员个数	百分比
	平均购买额	购买次数		
C1	35. 574 5	21. 428 6	28	6%
C2	30. 391 8	4. 114 9	235	47%
C3	15. 044 7	2. 174 8	143	29%
C4	46. 089 6	2. 457 4	94	19%

从以上的数据分析可知,C3 客户群的平均购买额与购买次数都较低,所以应属于不确定型客户;C2 客户群的平均购买额较低,但其购买次数较高,应属于经常性客户;C4 客户群的平均购买额较高,但购买次数较低,所以其类属于消费型客户;而 C1 客户群的平均购买额与购买次数都很高,所以这一类应该属于最

好的客户。从客户数量比例来看,也基本上与帕累托原则相符。

将客户分类信息 C1、C2、C3、C4 作为 Cluster 属性写入挖掘库中,然后选择它作为预测列。为了满足决策树算法的要求,我们还需针对待挖数据集的一部分属性进行处理。将连续型的变量离散化,其采用的方法也是聚类分析法,在这里具体过程就不再详述。此外,为了模型的简单化,我们把家庭小孩数分为两大类,一类是不多于 2 个小孩的客户,还有一类就是多余 2 个小孩的客户。最后我们也把学历分为了 3 个大类,主要为高中学历、本科学历以及研究生学历。

通过聚类分析,我们完成了对客户的归类。从上面的分析我们得出,客户被分为了 4 大类,每一位客户都有一个确定的分类,分别为最优型客户、消费型客户、经常型客户和不确定型客户。从表 10-4 中我们可以看出,每一个客户都被归为了一个特定的类别,这将有助于我们进一步的研究。下面我们要选用决策树模型对客户构建决策树,以对客户的特征作进一步分类分析。

10.3.2　决策树分析

本章中所运用的数据挖掘技术为决策树算法。决策树算法的定义以及具体内容在第 4 章中已有详尽描述,在此不再赘述。

本章设计的挖掘模型是为了对零售业客户的特征进行分类分析,根据客户不同特性把客户归为特定的类别。这里所用到的数据为聚类分析处理后的 Foodmart 公司的会员信息。由于会员数据和公司一般客户都是公司的客户数据,有一定的目标属性相似性,因此应该可以认为此模型具有一定的可移植性,即可以应用于零售业领域。

在对金融客户进行分类分析的过程中,决策树分类数据挖掘系统建立和应用的一个典型过程是:

(1) 根据客户分类的标准,执行客户分类算法,并将运行结果存储于数据仓库中,这样,每个现有的客户都具有一个确定的客户类别。

(2) 根据历史数据,主要是客户的背景数据和客户的分类数据,执行决策树生成算法,针对每一种客户类别,生成一棵决策树,以一定的形式存放于数据仓库中。

(3) 在以上过程执行完毕后,当一个新的客户来办理业务时,客户经理可以首先在系统中调用决策树展示模块,系统将整个决策树展示出来,然后系统根据客户的具体背景情况预测客户所属的客户类别,以及属于该客户类别的概率,并将这些情况展现给客户经理,客户经理根据这些情况,对该客户采取相应的营销策略,从而达到较好的效果。

此次试验中我们仍然采用 WEKA 数据挖掘工具来帮助我们实现决策树算法。由于 WEKA 软件存储数据的格式是 ARFF(Attribute-Relation File

Format)文件,因此我们要先将数据库里的数据保存为 CSV 文件格式,然后在 WEKA 里转化成 ARFF 文件。将 CSV 转换为 ARFF 最迅捷的办法是使用 WEKA 所带的命令行工具。运行 WEKA 的主程序,出现 GUI 后可以点击输入 java weka. core. converters. CSVLoader supermarket. csv>supermarket. arff 命令即可,这样就获得了用于 WEKA 的 ARFF 文件。

　　将数据导入 WEKA 之后,先要对数据进行一下预处理,去除那些客户无关的属性,如客户号、客户姓名等,只保留那些可能对客户购买行为产生影响的属性,如性别、职位等。点击【Edit...】,就可以看到预处理后的二维数据表结构。图 10-3 是预处理后的数据二维结构表。

No.	Gender Nominal	Children Nominal	Education Nominal	Occupation Nominal	Yearly_income Nominal	Cluster Nominal
1	M	<2	Bachelo...	Management	middle	C3
2	F	>=2	Bachelo...	Management	middle	C2
3	M	<2	High Sc...	Manual	middle	C3
4	F	<2	Bachelo...	Professi...	high	C2
5	M	>=2	High Sc...	Manual	middle	C2
6	M	>=2	High Sc...	Manual	middle	C2
7	M	>=2	Bachelo...	Professi...	high	C2
8	M	>=2	High Sc...	Manual	middle	C2
9	M	<2	Bachelo...	Manual	middle	C3
10	M	<2	High Sc...	Manual	low	C3
11	M	<2	Bachelo...	Clerical	middle	C3
12	M	>=2	High Sc...	Professi...	middle	C2
13	M	<2	High Sc...	Manual	middle	C3
14	F	>=2	High Sc...	Manual	low	C2
15	F	>=2	Bachelo...	Professi...	high	C4
16	M	<2	Bachelo...	Professi...	middle	C3
17	M	>=2	Bachelo...	Professi...	middle	C2
18	M	>=2	Bachelo...	Professi...	middle	C2
19	F	>=2	High Sc...	Manual	middle	C2
20	F	>=2	Bachelo...	Professi...	low	C3
21	M	<2	High Sc...	Manual	middle	C3
22	M	>=2	Bachelo...	Professi...	high	C2
23	M	>=2	High Sc...	Manual	low	C4
24	M	>=2	Bachelo...	Professi...	middle	C3
25	M	<2	High Sc...	Manual	middle	C3
26	F	<2	Bachelo...	Professi...	high	C2
27	F	>=2	Bachelo...	Manual	middle	C2
28	M	>=2	Bachelo...	Manual	low	C3

图 10-3　预处理后的二维数据表结构示意图

　　在这里我们为了试验结果的效果,对部分属性进行了离散化以及属性归类,以达到更好的挖掘效果。例如将年收入分为了 3 大段:低收入、中等收入和高收入,这样就把年收入这一属性离散化了,也满足了数据挖掘工具的要求。

10.3.3　挖掘模型及流程

　　在对数据预处理完毕之后,我们选择 WEKA 软件中的【Knowledgeflow】模块信息数据挖掘分析。决策树分析建模模型可如图 10-4 所示。

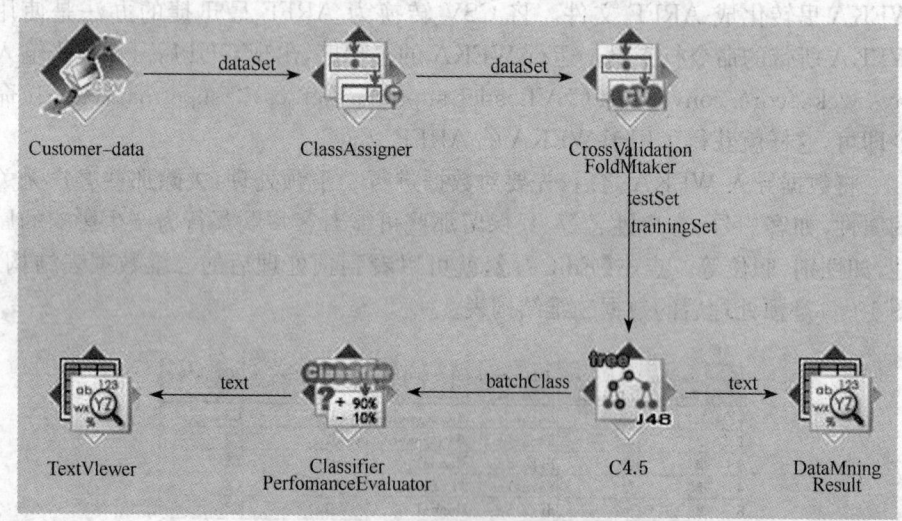

图 10-4　决策树挖掘模型示意图

从图 10-4 中我们可以看出,决策树的挖掘模型由以下几个步骤组成:

（1）挖掘数据的载入。利用图中的 ██ 控件将数据源载入,这里数据格式为 CSV 格式文件,可以为 WEKA 软件所识别。

（2）分类目标属性的选择。在决策树挖掘中需要选择分类属性,即 Class 数据。在本书中,Class 属性为客户类别。挖掘的最终任务是将不同自然属性的客户归为不同的客户类别。

（3）对数据源进行折交叉运算。通过 ██ 控件载入,并设置折交叉运算的次数为 10,这样设置的目的是用来测试精度,是常用的精度测试方法。即轮流将其中 9 份作为训练数据,1 份作为测试数据,进行测试。10 次结果的正确率（或差错率）的均值作为对算法精度的估计。

（4）选择决策树算法。对于数据挖掘来说,选择合理的算法至关重要。在这里我们选择的是 J48 算法（即 C4.5 算法）,并对其中的参数进行了简单的设置。通过该算法,计算数据中描述属性的信息增益量,通过信息增益量的大小,利用递归算法构造决策树。

（5）挖掘结果的演示。利用 ██ 控件,可以将数据流最后的挖掘结果以 Text 的形式展示出来。当然最终的结果也可以用图表的形式呈现给用户。

（6）对决策树分析。还需对最终的结果进行灵敏度分析。查看挖掘结果是否达到一定的正确率,这里是利用 Evaluator 中的　控件实现的,并将分析报告以 Text 的形式展现出来。

(7) 对算法中的各项数据设置完毕之后,我们就可以点击【dataload】按钮载入数据并进行分析运行,点击 J48 算法图标左边的　控件得到了如下的软件运行报告。

=== Run information ===

Scheme:　　　weka. classifiers. trees. J48-C 0. 45-M 2
Relation:　　Foodmart_Classify
Instances:　　500
Attributes:　6
　　　　　　　　Gender
　　　　　　　　Children
　　　　　　　　Education
　　　　　　　　Occupation
　　　　　　　　Yearly_income
　　　　　　　　Cluster
Test mode:　　10-fold cross-validation

=== Classifier model (full training set) ===
J48 pruned tree
————————————————————

Children=<2
|　Gender=M: C3 (62. 0/23. 0)
|　Gender=F
|　|　Yearly_income=middle: C2 (35. 0/16. 0)
|　|　Yearly_income=high: C2 (10. 0/2. 0)
|　|　Yearly_income=low: C3 (16. 0/9. 0)
Children=>=2
|　Education=Bachelors Degree
|　|　Yearly_income=middle
|　|　|　Occupation=Management
|　|　|　|　Gender=M: C4 (15. 0/9. 0)
|　|　|　|　Gender=F: C2 (10. 0/4. 0)
|　|　|　Occupation=Manual

```
│  │  │   │   Gender=M：C3 (8.0/1.0)
│  │  │   │   Gender=F：C2 (7.0/3.0)
│  │  │·Occupation=Professional：C2 (67.0/29.0)
│  │  ·  Occupation=Clerical：C2 (8.0/3.0)
│  │  Yearly_income=high
│  │   │   Gender=M：C2 (10.0/3.0)
│  │   │   Gender=F：C4 (7.0/3.0)
│  │   Yearly_income=low：C3 (7.0/2.0)
│  Education=High School Degree：C2 (219.0/96.0)
│  Education=Graduate Degree：C2 (19.0/5.0)
```

10.4 结 果 分 析

从运行的结果中，我们可以清楚地看到每种客户会员的情况。从树的根节点到最底层子节点的所有属性集合就是对应客户所属种类所具有的一般属性。如对于 Children <2&Gender=M 的客户来说，他们一般是属于不确定型客户。以此类推，就可以构造出整个决策树。结果中清晰地展现了对于分类问题得出的各种属性的分类情况。

图 10-5 是得出数据模型页面的 Viewer 页面，它是以图表形式浏览模型的窗口，用一个形象的树来描述模型，结果更为形象和直观。每个节点都代表一个分类，同样从树根到每个叶子节点的路径上的特征就是该叶子节点的特征。

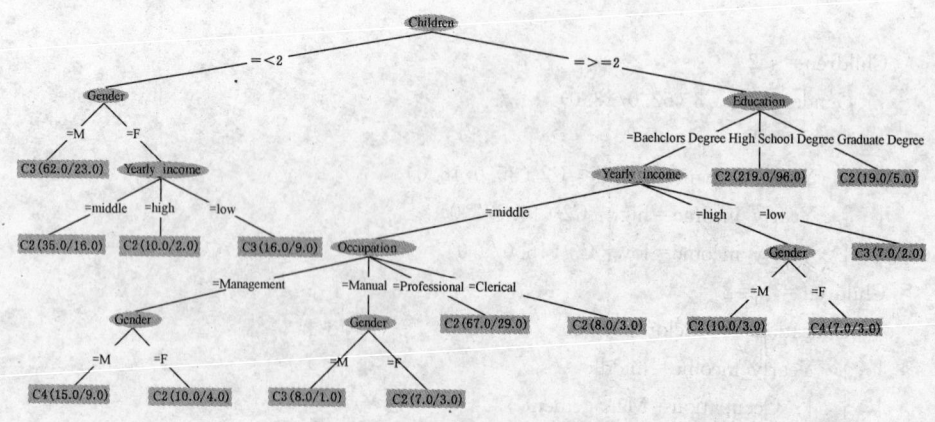

图 10-5　Viewer 页面示意图

根据以上数据挖掘软件分析的结果，首先我们要用决策树的形式给出决策树挖掘的最终结果,以便于进一步的分析。如图 10-5 所示,我们得到了决策树分析中的决策树模型。

从决策树中我们可以清晰地看出,家庭小孩的个数这一属性被放置在了根节点,这说明该属性的信息增益值在所有属性中最大,对减少分类不确定型的贡献最大。根据这些分类规则,在我们发掘潜在客户、改善销售策略上面都有很大的帮助。从上面的结果中,我们提取了几条主要的分类规则:

IF Children<2 and Gender='M' THEN Class='C3'

IF Children < 2 and Gender = 'F' and Yearly_income = 'middle' or 'high' THEN Class='C2'

IF Children>=2 and Education='Bachelors Degree' and Yearly_income='middle' and Occupation='Management' and Gender='M' THEN Class='C4'

IF Children>=2 and Education='Bachelors Degree'and Yearly_income='low'THEN Class='C3'

从上面的部分决策树分支,我们可以初步得到以下结论:

(1) 对家庭小孩少的客户来说,一般男性属于不确定型客户群。

(2) 对家庭小孩少的客户来说,一般中高收入水平的女性属于经常消费型客户,而低收入水平的女性属于不确定型客户群。

(3) 对家庭小孩多的客户来说,一般高学历和较低学历的人属于经常消费型客户。

(4) 对家庭小孩多的客户来说,一般中等学历的客户分类情况较复杂。

不同收入水平人群的表现存在差异,总的来说,中高收入人群的客户一般属于经常型客户群以及消费型客户群,而低收入客户一般属于不确定型客户群。

针对以上的不同属性分类集合,我们对于那些潜在的并且满足分类规则的客户采取不同的广告宣传方式以及不同的销售策略。由于该商店是一家食品销售店,所以家庭小孩的多少会对客户消费的行为产生较大的影响;而个人的收入水平也会对客户的消费模式产生较大的影响,对客户的消费模式有着重要的决定作用。对于那些消费型的客户以及经常性的客户应加大宣传力度,因为这一部分的客户对企业来说更具有商业价值,能够为企业带来更多的商业利润。同样,对那些不确定型的客户,应减少对他们的宣传力度。合理地分配企业的有限资源换取最大的客户利润,才是当今企业生存发展的核心。但由于实际中,影响客户购买行为的因素众多而且十分复杂,本章中只是列举了部分客户自然属性,对于客户分析的方法也比较简单,所以其效果有待进一步的学习和研究。

10.5　习　　题

1. 从 UCI 网站上下载一个你感兴趣的数据集,运用 SPSS 统计分析软件对该数据集进行层次聚类分析。

2. 某个电子商务网站——女士服装店在 1 天中有 20 个交易事务记录,经过数据预处理之后得到完整的数据记录,如表 10-5 所示。

表 10-5

某女士服装网店的 1 天交易记录

交易号	年龄	收入	是否学生	商品项目
T1	青年	高	否	罩衫
T2	中青年	高	否	鞋,裙子,T恤衫
T3	青年	低	是	牛仔裤,T恤衫
T4	青年	中	是	牛仔裤,鞋,T恤衫
T5	青年	高	否	牛仔裤,短裤
T6	中年	高	否	鞋,T恤衫
T7	中年	低	是	牛仔裤,裙子
T8	中青年	高	否	牛仔裤,鞋,短裤,T恤衫
T9	青年	高	否	牛仔裤
T10	中青年	高	否	牛仔裤,鞋, T恤衫
T11	中年	中	否	T恤衫
T12	中年	高	否	罩衫,牛仔裤,鞋,裙子,T恤衫
T13	中年	低	否	牛仔裤,鞋,短裤,T恤衫
T14	中青年	低	是	鞋,裙子,T恤衫
T15	青年	低	是	牛仔裤,T恤衫
T16	青年	中	是	裙子,T恤衫
T17	中年	中	是	罩衫,牛仔裤,裙子
T18	中青年	中	否	牛仔裤,鞋,短裤,T恤衫
T19	青年	高	是	牛仔裤
T20	青年	中	是	牛仔裤,鞋,短裤,T恤衫

　　根据该数据,使用 WEKA 软件完成两项任务:①用 ID3 算法训练该数据,获取客户年龄、收入、是否学生与客户是否购买 T 恤衫的关系。②用 Apriori 算法训练该数据,获取商品罩衫、T 恤衫、牛仔裤、裙子、短裤、鞋间的关联关系,最小支持度为 0.2,最小置信度为 0.9。

第 11 章

机场场区商务智能系统解决方案

11.1 OMC-DMS 需求分析

机场运行中心 AOC 和航站楼运行中心 TOC 是上海机场集团目前运行成功的两个机场信息系统运营模式。作为虹桥综合交通枢纽建设之一,外场管理中心 OMC(Outside Management Center)将与机场运行中心 AOC、航站楼运行中心 TOC 共同实现虹桥机场"区域化管理,专业化支持"的运营管理构想。飞行区的信息管理主要由 AOC 中心负责,航站楼区的信息管理主要由 TOC 中心负责,而机场场区信息管理主要由 OMC 中心负责。

场区也称外场,主要包括场区管理部和能源保障部等职能部门,OMC 是场区的管理核心,OMC 平台主要负责对虹桥机场场区范围内的水务、供电、暖通、道路和安防等外场设施设备的生产运行、维修维护以及用户服务需求等实施统一的指挥、调度和监管。

对于 OMC 管理者和虹桥机场领导层来说,与庞大复杂的数据报表和监控信息相比,能为机场带来经济效益、能够增强机场竞争力的宏观决策信息显得更有价值。机场各专业系统布置的监测点数以百计。在实时运行中,这些智能化设备将会产生大量的数据,同时各监测点年复一年地观测所采集和积累的数据是海量的,人工一般是很难理解这些数据及其关系的,更不用说及时地总结并进行预测。从这些数据中了解设备的性能和运行状态,通过计算机自动实时地从产生的数据中抽取知识或规则,并利用获得的知识对即将进行的过程进行估计预测或根据已获得的知识对发生偏离的过程进行实时纠正,合理地安排调度计划,提高运营效率。

本章在 OMC 信息系统平台的基础上引入 OMC 商务智能的理念,并提出 OMC 数据挖掘系统 OMC-DMS 的设计方案。

11.2　方案设计思路

11.2.1　OMC 商务智能的理念

OMC 商务智能是由数据仓库、查询报表、联机事务分析、数据挖掘以及数据备份和恢复等组成的,以辅助虹桥机场 OMC 管理者和上层领导者决策为目的相关技术和应用。从数据处理的角度,OMC 商务智能存在 3 个层次,如图 11-1 所示。

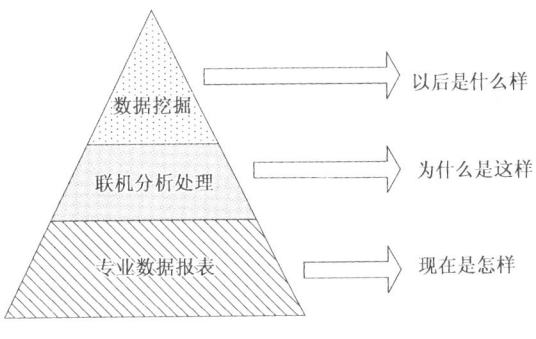

图 11-1　OMC 商务智能的层次示意图

该层次呈金字塔结构,底层是专业数据报表层,收集了大量各专业系统采集的数据,它回答的是现在是怎样的问题。中间层是联机分析处理层,它将各专业系统的数据报表汇集,构建多维数据仓库,并通过对多维数据的交互式操作如切片、切块、钻取和旋转等,对数据进行分析、查询和披露,它回答的是为什么是这样的问题。上层是数据挖掘层。所谓数据挖掘,是从大量的数据中发现隐含模式和知识,并应用这些模式和知识来进行预测的过程。预测是数据挖掘的显著功能,因此该层回答的是以后是什么样的问题。

下面进一步地阐述 OMC 商务智能中的数据挖掘、数据仓库和联机分析处理三者之间的关系。从数据挖掘的角度来说,数据挖掘对数据环境的要求很高。在数据挖掘的过程中,在对需解决的问题的明确理解之后,一个重要的工作是选择目标数据集,即对源数据进行预处理,以获得用于挖掘的高质量的数据,建立一个良好的数据环境。这项工作是数据挖掘过程中极为艰巨并且耗时,也是确保数据挖掘有效和正确实施的基础和关键。数据仓库技术能够很好地满足数据挖掘技术对数据环境的要求。数据仓库是用于更好支持企业和组织的决策者分析处理的、面向主题的、集成的、相对稳定的、随时间变化的数据集合。虽然,数据仓库并不是数据挖掘的必要条件,但数据仓库的特点使得数据挖掘变得更加有效。从数据仓库的角度看,数据挖掘是联机分析处理 OLAP 的高级阶段和补充,它能够在 OLAP 的基础上提供更深入、详细、有效和潜在性的决策知识,为决策者提供更有力的支持。数据挖掘可以被看成是数据仓库的后期市场产品。

11.2.2　OMC 数据挖掘系统

OMC 数据挖掘系统 OMC-DMS 是在 OMC 管理信息系统平台上的深化。它配备了专业数据分析员,融入了数据挖掘技术和工具,通过构建 OMC 数据仓库、联机分析处理 OLAP 和数据挖掘等阶段过程,从大量的专业数据报表、监控信息中发现隐藏的潜在的有价值的知识或者规则,用这些知识和规则辅助 OMC 管理者和机场领导者进行决策。图 11-2 给出了 OMC 数据挖掘系统的数据层次。

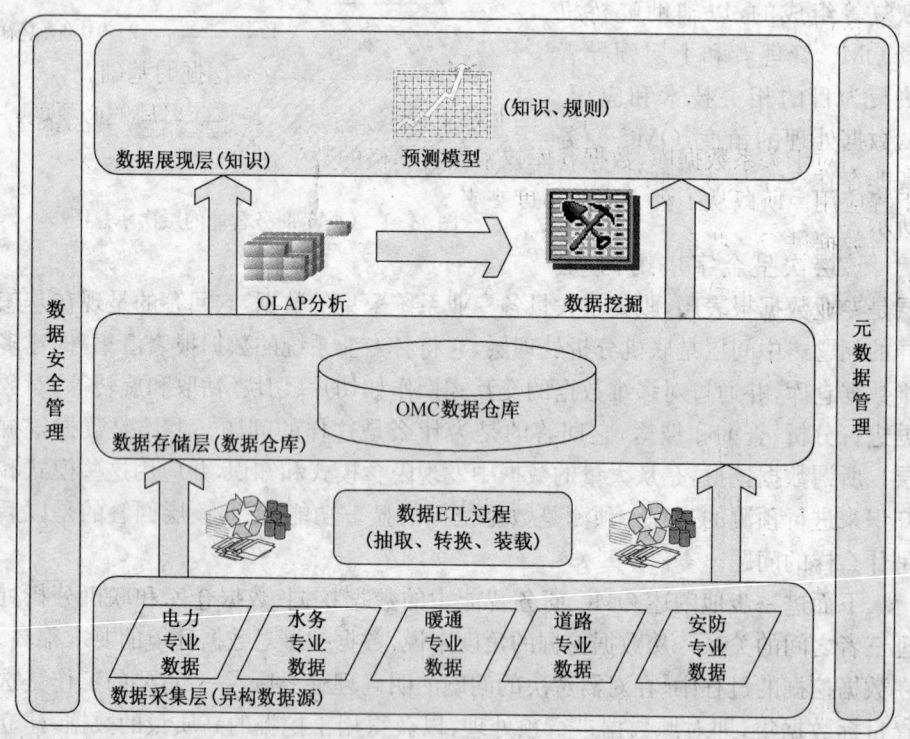

图 11-2　OMC 数据挖掘系统的数据层次示意图

图 11-2 中的箭头表示过程,图形均与数据有关,包括各子专业数据、数据仓库、预测模型和元数据。OMC-DMS 分为 3 层,即数据采集层、数据存储层、数据展现层,各层包含的数据如图 11-2 所示。我们将 OMC 数据挖掘系统 OMC-DMS 的实现过程分为异构数据源采集、ETL 过程、OMC 数据仓库、OLAP、数据挖掘、预测模型和元数据管理等关键技术和过程。下面详细地分析 OMC-DMS 的实现过程。

1) 异构数据源采集

数据异构性是 OMC 管理信息系统平台的一个特征。OMC 信息系统平台的数据采集包括了 5 个专业子系统的采集数据。由于它们来自不同的领域,专业背景不同,在 OMC 信息化建设之前,存在各自为政、各司其职,不能深入分析处理的局限性。各个专业子系统的采集的数据作为 OMC-DMS 的基础,在此基础上通过 ETL 过程、OLAP 和数据挖掘等过程进行深入的分析和处理。

2) ETL 过程

ETL 是对数据抽取、转换和加载的过程。ETL 负责将分布的、异构数据源中的数据如关系数据、平面数据文件等抽取到临时中间层后进行清洗、转换、集成,最后加载到 OMC 数据仓库中,成为联机分析处理、数据挖掘的基础。

ETL 是构建 OMC 数据仓库的非常重要的一环。它是承前启后的必要的一步。相对于关系数据库,数据仓库技术没有严格的数学理论基础,它更面向实际工程应用。所以从工程应用的角度来考虑,按着物理数据模型的要求加载数据并对数据进行一些系列处理,处理过程与经验直接相关,同时这部分的工作直接关系数据仓库中数据的质量,从而影响到联机分析处理和数据挖掘的结果的质量。

ETL 作为 OMC 商务智能的核心和灵魂之一,能够按照统一的规则集成并提高数据的价值,是负责完成数据从数据源向目标数据仓库转化的过程,是实施 OMC 数据仓库的重要步骤。如果说数据仓库的模型设计是一座大厦的设计蓝图,数据是砖瓦的话,那么 ETL 就是建设大厦的过程。在整个项目中最难部分是用户需求分析和模型设计,而 ETL 规则设计和实施则是工作量最大的,占 OMC 数据挖掘系统项目的 60%～80%。

3) OMC 数据仓库

OMC 数据仓库是在 OMC-DMS 的中间层上,起着数据存储的功能。OMC 数据仓库是面向机场 OMC 决策支持的、集成的、随时间变化并且非易失的数据集合。

OMC 数据仓库不是对 5 个专业子系统的数据的简单集成,而需要通过 ETL 过程,建立健全、稳定、安全的数据库。数据库之间的关联关系清晰明确,对 OMC 数据仓库还要求索引功能强大,便于多个专业子系统数据库之间的联系。

在建立 OMC 数据仓库时,要充分调研 OMC 管理者和机场领导者所需要的预测信息,据此建立合理的数据仓库模型,如关系模型和维度模型等,为上层的 OLAP 过程和数据挖掘过程打好基础。

4) OLAP

OMC 数据挖掘系统 OMC-DMS 使用 OLAP 来分析有关电力、水务、暖通、道路和安防的聚集信息。OLAP 的数据模式分为数据库模式和立方体模式,立方体是多维的数据库,每个维包含许多成员。目前,可采用 Microsoft SQL SERVER 2005 的 OLAP Services,来实现 OLAP 的服务功能,其他公司如 SUN 公司和 Oracle 公司联手推出的最新 OLAP 软硬件一体化解决方案 Exarata 2 可以作为 OLAP 的选择。

5)数据挖掘

数据挖掘,是采用数学、统计、人工智能和机器学习等领域的科学方法,它是从大量的、不完全的、有噪声的、模糊的和随机的数据中提取隐含的、预先未知的并且潜在有用的知识的过程。数据挖掘与传统的数据分析方法(查询、报表、统计和联机分析处理 OLAP)的本质区别在于数据挖掘是在没有明确假设的前提下去挖掘信息、发现知识。数据挖掘所得到的模式具有隐含性、未预期性、有潜在价值3个特征。

举例来说,数据挖掘在 OMC-DMS 中的作用。在 OMC 的电力方面,为了节省电能,传统的方式是通过对电力供应和运行的报表数据进行人工分析,找到电力使用的低峰值和低峰时段,然后人工地停掉一路电。实际上,采集电力专业的数据,并集成到 OMC 数据仓库中,使用数据挖掘技术和工具进行数据分析,可以发现隐藏在数据中的有价值的信息。例如,"电力负荷处于峰谷"=》"时段处于凌晨3点半到4点半之间",如果分析并发现这样的隐藏规则或者知识,则可以将它作为预测模型的规则,指导将来的电力供应,即可以设置在凌晨3点半自动停掉一路电力供应,而在凌晨4点半自动恢复全部线路的电力供应。能够指导决策者进行决策也正是 OMC 信息化平台建设的重要意义之一。

数据挖掘技术在道路、安防等专业子系统上也有重要的应用。例如,对路测交通的数据进行分析,得出每天出租车的高峰时段,据此自动地安排进出场区的出租车,避免出现旅客滞留等待出租车或者出租车多于旅客的情况,保障旅客和出租车数量上的平衡。

6)预测模型

预测模型位于 OMC-DMS 的最上层,即数据展现层。在数据展现层需要解决的问题是,通过 OLAP 和数据挖掘得到的决策知识以怎样的展现方式提供给 OMC 管理者和机场领导。

我们不仅需要数据挖掘为用户挖掘出数据中潜在的规则和模式并利用这些规则和模式进行预测,而且,我们希望这些规则和模式能够方便地与其他应用程序共享、交换和集成。预测模型标记语言 PMML 是基于 XML 的标记语言,其目标是定义一个标准的 XML 格式,用于保存挖掘模型的内容。例如,描述关联规则模型的 PMML 指定了一些标记来描述事务,项与项集,以及关联规则的支

持度与置信度等。PMML 使得
模型的部署、发布、维护，软件包
间的模型信息共享交换变得容
易。PMML 文档框架如图 11-3
所示。

　　例如，通过图 11-3 所示的
PMML 文档框架来描述 OMC-
DMS 所发现的关联规则知识"电
力负荷处于峰谷"＝》"时段处于
凌晨 3 点半到 4 点半之间"，它的
最小支持度和最小置信度分别是
0.2 和 0.9。

　　PMML 的本质是 XML，并
且是针对数据挖掘领域设计的预
测模型标记语言。使用 PMML
语言来描述 OML-DMS 发现的

```xml
<?xml version="1.0" ?>
  <PMML version="3.1">
    <Header copyright="www.dmg.org"
            description="example model for association rules"/>
    ...
    <AssociationModel
        functionName="associationRules"
        numberOfTransactions="4" numberOfItems="3"
        minimumSupport="0.2"        minimumConfidence="0.9"
        numberOfItemsets="3"        numberOfRules="1">
    ...
<!-- Two rules satisfy the requirements -->
      <AssociationRule support="1.0" confidence="1.0"
        antecedent="Beer" consequent="Diaper" />
      <AssociationRule support="1.0" confidence="1.0"
        antecedent="电力负荷处于峰值" consequent="时段处
        于凌晨 3 点半到 4 点半之间" />
    </AssociationModel>
  </PMML>
```

图 11-3　PMML 文档框架示意图

规则和知识，便于在各种平台上展示、共享、集成和交换等。

　　7）元数据管理
　　元数据是关于数据的数据，或者描述数据的数据。在整个 OMC-DMS 的各
个过程中，都涉及元数据的管理，因此元数据跨越了 OMC-DMS 的 3 层。
　　公共仓库元模型 CWM 是由 OMG 组织的 CWM（Common Warehouse
Model）工作组负责开发，并被 OMG 采纳的一种使用共享元数据的集成数据仓
库和业务分析工具的开放式行业标准。CWM 主要关注商务智能领域，如
OLAP、数据挖掘中元数据的定义。提供 CWM 的目的是为了解决元数据的管
理和数据仓库的集成问题，这样不同的应用程序能够在不同的环境中集成。

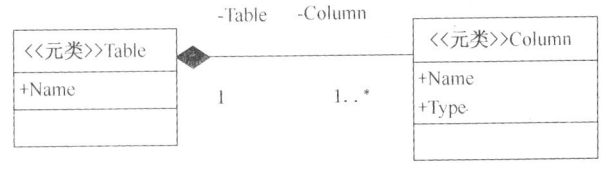

图 11-4　OMC 数据仓库中表和列的元类关系示意图

　　在 OMC-DMS 的元
数据管理中，采用公共仓
库元模型 CWM 作为标
准。图 11-4 是遵循 CWM
标准作出的 OMC 数据仓
库中表和列之间的概念
关系。

　　8）数据安全管理
　　数据安全管理是 OMC-DMS 的另一个重要组成部分，它跨越了 OMC-

DMS 的 3 层。

（1）数据本身的安全性。机场 OMC 管理信息系统的各专业子系统获取的数据是属于企业内部的数据资源，需要作为内部资料，而不能传播到其他企业。而 OMC 数据仓库和 OMC 预测模型的安全级别更高。特别是预测模型，为 OMC 领导者和机场领导者提供决策，安全级别更高，可以作为机密资料。同时，OMC-DMS 需要维护良好的稳定的数据服务器，用于存放 OMC 数据仓库。

（2）OMC-DMS 的安全性。OMC-DMS 需要从 OMC 数据仓库中挖掘出正确的具有价值的指导信息。作为预测模型，这样的决策支持需要保障在未来的实施过程中不会带来风险、或者风险在某个阈值之下。

11.3　OMC 数据挖掘系统的部署

图 11-5 给出了 OMC 数据挖掘系统 OMC-DMS 的系统部署图，提供了设计 OMC 数据挖掘系统的参考。图中灰底区域是 OMC-DMS 的范围，包含数据服务器节点、OLAP 节点和数据挖掘节点，底层的 5 个专业子系统为 OMC-DMS 提供专业数据。OMC-DMS 的 3 个节点需要 3 个接口与用户交互，分别是数据库管理员、OLAP 分析员和数据挖掘分析员。

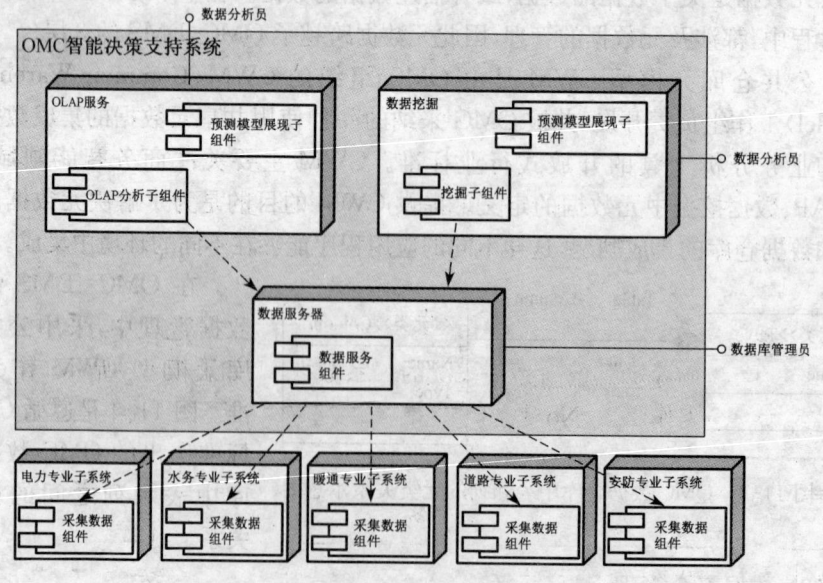

图 11-5　OMC-DMS 的部署示意图

11.4　应用数据挖掘的 OMC-DMS 决策支持示例

数据挖掘在 OMC 信息系统的各专业子系统中有着潜在的应用价值。例如,在电力专业系统中,应用数据挖掘技术可以从采集的电力数据中发现隐藏的电力高低峰与时间段的关联关系,据此可以根据时间段来增加或者减少供电线路,从而达到节能的目的。

雨天和雪天飞机跑道上的积水和排水一定保证在地灯线之下,以保证地灯的导航功能,但同时地下水道的水位必须保持一定的水位平衡,以防止地面的下沉或塌陷。因此,在水务专业系统中,应用数据挖掘技术可以从采集的水务数据中发现隐藏的水位与天气的关联关系,水位与年份、季节、月份的关联关系,据此可以预测将来水位的可能变化,可以更准确地做到水务的管理,保证机场运营的安全。

在暖通专业系统中,也可以应用数据挖掘技术来分析采集的暖通专业数据。在机场三区,特别是航站楼,对暖通的要求非常高,同时对能源的消耗也是巨大的。在建立 OMC 信息系统平台之后,可以充分应用数据挖掘技术来挖掘暖通专业数据。例如,可以发现隐藏的航站楼的旅客高低峰与时间段的关联关系、旅客的聚集分布,据此可以智能地开闭若干区域的供暖或供冷设备、自动关闭无人区域的供暖和供冷设备,从而实现节能目的。

实现 OMC-DMS 不是简单地融入数据挖掘技术,如关联分析、聚类分析或者分类分析,而是需要建立在 OMC 数据仓库的基础上,通过 OLAP 和数据挖掘的分析,获取 OMC 的预测模型或者知识。

在 OMC-DMS 中,我们在 5 个专业子系统的采集数据基础上,可以建立 OMC 数据仓库。进一步地,我们可以从 OMC 数据仓库基础上,应用数据挖掘技术得到隐藏在 OMC 数据仓库中的规则和知识,并用作预测模型。我们用示例来说明基于 OMC 数据仓库的数据挖掘作用。

【例 11.1】　我们在 OMC 数据仓库中有如下数据库,它是关于 OMC 某个专业内的设备的工作状态与天气情况的关系数据库,如表 11-1 所示,其中 Yes 表示设备处于工作状态,No 表示设备处于不工作状态。

表 11-1

专业设备工作状态

No.	Outlook	Temperature	Humidity	Windy	Work
1	sunny	85	85	FALSE	No

（续表）

No.	Outlook	Temperature	Humidity	Windy	Work
2	sunny	80	90	TRUE	No
3	overcast	83	86	FALSE	Yes
4	rainy	70	96	FALSE	Yes
5	rainy	68	80	FALSE	Yes
6	rainy	65	70	TRUE	No
7	overcast	64	65	TRUE	Yes
8	sunny	72	95	FALSE	No
9	sunny	69	70	FALSE	Yes
10	rainy	75	80	FALSE	Yes
11	sunny	75	70	TRUE	Yes
12	overcast	72	90	TRUE	Yes
13	overcast	81	75	FALSE	Yes
14	rainy	71	91	TRUE	No

　　这里"设备是否工作"Work 是决策属性，其他 Outlook、Temperature、Humidity 和 Windy 是条件属性。我们通过基于 ID3 算法的决策树分析技术来挖掘上述数据。图 11-6 描述了从上面数据库中进行分类分析所获取的分类规则。图中的叶子节点表示该设备是否工作的状态，从树根到枝干的节点表示天气相关属性。

　　图 11-6 的决策树反映了专业设备的工作状态与天气的关系，例如可以清晰地获得一条预测属性："Windy＝FALSE∧Humidity＝85"⇒"Work＝No"，据此规则可以自动地设置将来当 Windy＝FALSE∧Humidity＝85 满足时，自动关闭设备，实现节能等目标。

　　上面应用决策树分析方法来对 OMC 数据仓库进行分析，可以得出对 OMC 管理者和机场领导者有价值的规则和知识。将这些规则和知识作为预测模型，可以进一步指导 OMC 管理者和机场领导者作出相应的决策，如节能措施、设备的自动关闭和开启等。这显示了数据挖掘区别于传统数据报表的优势，也体现了实施 OMC 集成化的信息系统平台所具有的战略意义。

　　OMC 管理信息系统平台集成了供电、水务、暖通、道路和安防等 5 个专业子系统。各个子系统只能提供各自管辖范围内的基础数据，OMC 管理信息系统平台为 OMC-DMS 实现联机分析处理 OLAP 和数据挖掘提供了可

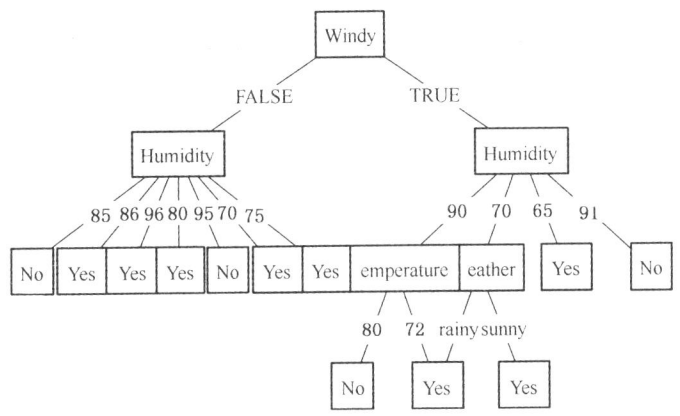

图 11-6　专业设备工作状态决策树示意图

行性。

　　目前,统计分析、OLAP 分析、数据挖掘的工具和软件逐渐发展和成熟,将数据挖掘应用于电力、水务、暖通等领域的智能数据分析的文献不断涌现,这为 OMC-DMS 实现智能化的决策支持提供了技术上的可行性。

11.5　OMC-DMS 的职位需求

　　在 OMC 管理信息系统平台中,需要配置一个专业数据分析员职位。这里专业数据分析员的概念不是仅针对某一个专业如电力专业的数据分析员,而是指在数据处理分析上是精通的,能够擅长数理统计、OLAP 分析和数据挖掘的专业人员。目前,在统计分析、OLAP 分析和数据挖掘方面,有了较成熟的软件工具,如 DB2、SAS、SPSS、Cognos、WEKA、Microsoft SQL server 2008 等,因此要求数据分析员熟悉这些主流工具的使用。

11.6　习　　题

　　1. 选择一个感兴趣的专业应用领域,分析该领域是否出现大量数据的情形,进一步分析该情况下数据挖掘的必要性。

　　2. 请设计一个面向习题 1 中领域的数据挖掘系统模型。该系统能够针对数据源进行数据预处理,然后通过 ETL 过程(抽取、转换和装载)在大量的数据上构建数据仓库,再进一步进行 OLAP 和数据挖掘,获取预测知识、模式和规则等,最后将这些知识、模式和规则存储为知识库以提供有效的决策支持。要求绘制出模型图,并对图中元素进行详细解释说明。

3. 思考未来数据挖掘在智能化、网络化、海量数据处理、资源有限等问题上面临的挑战、应对措施和发展方向。

参 考 文 献

［1］ HAN J，KAMBER M. 数据挖掘概念与技术［M］. 范明，孟小峰，译. 2 版. 北京：机械工业出版社，2007.

［2］ 毛国君，段立娟，王实，石云. 数据挖掘原理与算法［M］. 2 版. 北京：清华大学出版社，2007.

［3］ 袁玉波，等. 数据挖掘与最优化技术及其应用［M］. 北京：科学出版社，2007.

［4］ TAN P-N，STEINBACH M，KUMAR V. 数据挖掘导论［M］. 范明，等，译. 北京：人民邮电出版社，2006.

［5］ 苏新宁，等. 数据仓库和数据挖掘［M］. 北京：清华大学出版社，2006.

［6］ 陈文伟. 数据仓库与数据挖掘教程［M］. 北京：清华大学出版社，2006.

［7］ HAND D，MANNILA H，SMYTH P. 数据挖掘原理［M］. 张银奎，等，译. 北京：机械工业出版社，2003.

［8］ OLIVIA P-R. 数据挖掘实践［M］. 朱扬勇，等，译. 北京：机械工业出版社，2003.

［9］ TANG Z，MAC-LENNAN J. 数据挖掘原理与应用 SQL Server 2005 数据库［M］. 北京：清华大学出版社，2007.

［10］ 贝瑞，莱诺夫，别荣芳，尹静. 数据挖掘技术、市场营销、销售和客户关系管理领域应用［M］. 邓六爱. 译. 2 版. 北京：机械工业出版社，2006.

［11］ 章炜，等. 数据挖掘算法及其工程应用［M］. 北京：机械工业出版社，2006.

［12］ DUNHAM M-H. 数据挖掘教程［M］. 郭崇慧，等，译. 北京：清华大学出版社，2005.

［13］ PYLE D，杨冬青，马秀莉. 业务建模与数据挖掘［M］. 唐世渭，等，译. 北京：机械工业出版社，2005.

［14］ MICHALSKI R-S，等. 机器学习与数据挖掘：方法和应用［M］. 朱明，等，译. 北京：电子工业出版社，2004.

［15］ 梁循. 数据挖掘算法与应用［M］. 北京：北京大学出版社，2005.

［16］ 史忠植. 知识发现［M］. 北京：清华大学出版社，2002.

［17］ 张云涛，龚玲. 数据挖掘原理与技术［M］. 北京：电子工业出版社，2004.

［18］ 韩家炜，坎伯. 数据挖掘：概念与技术［M］. 范明，等，译. 北京：机械工业出

版社,2001.

[19] 威滕. 数据挖掘[M]. 2 版. 北京:机械工业出版社,2005.

[20] 朱德利. SQL Server 2005 数据挖掘与商业智能完全解决方案[M]. 北京:电子工业出版社,2007.

[21] POOLE J,等. 公共仓库元模型 数据仓库集成标准导论[M]. 彭蓉,等,译. 北京:机械工业出版社,2004.

[22] POOLE J,等. 公共仓库元模型开发指南[M]. 彭蓉,刘进,译. 北京:机械工业出版社,2004.

[23] 陈国良,等. 遗传算法及其应用[M]. 北京:人民邮电出版社,1996.

[24] 姜启源,等. 数学实验[M]. 北京:高等教育出版社,2006.

[25] 段海滨. 蚁群算法原理及其应用[M]. 北京:科学出版社,2005.

[26] 马良. 基础运筹学教程[M]. 北京:高等教育出版社,2006.

[27] 束金龙,闻人凯. 线性规划理论与模型应用[M]. 北京:科学出版社,2003.

[28] 闪四清. SQL Server 2008 基础教程[M]. 北京:清华大学出版社,2010.

[29] 朱小栋,王恒山,卢菁. 基于直觉模糊集的模糊信息系统模型[J]. 控制与决策, 2012, 27(9): 1337-1342.

[30] 朱小栋,肖芳雄,黄志球,等. 基于描述逻辑的扩展预测模型标记语言 EPMML[J]. 计算机学报, 2012, 35(8): 1644-1654.

[31] 朱小栋,樊重俊,杨坚争. 面向机场场区管理的数据挖掘系统[J]. 计算机工程, 2012, 38(3): 224-227.

[32] 朱小栋,王恒山,卢菁. 直觉模糊推理机的设计及其推理算子选择研究[J]. 计算机应用研究, 2011, 28(12): 4478-4480.

[33] 朱小栋,沈国华. 流式数据上关联规则挖掘研究综述[J]. 计算机应用研究, 2010, 27(9): 3101-3105.

[34] ZHU X, YANG J. An extended predictive model markup language for data mining[C]. 11th International Conference on Web-Age Information Management, WAIM 2010. Jiuzhaigou, China: Springer Verlag. 2010: 218-231.

[35] 朱小栋,黄志球,沈国华,等. 一种基于变尺度滑动窗口的数据流频繁集挖掘算法[J]. 控制与决策, 2009, 21(6): 832-836, 842.

[36] 朱小栋,黄志球,沈国华. 基于描述逻辑的数据挖掘元数据的一致性检验[J]. 小型微型计算机系统, 2009, 30(2): 266-270.

[37] 朱小栋,黄志球,陈圣青,等. 面向数据流挖掘过程的算法管理框架[J]. 应用科学学报, 2008, 26(1): 61-67.

[38] 朱小栋，黄志球. 直觉模糊集的模糊蕴含式运算方法[J]. 计算机科学，2008，35(3)：126-127，137.

[39] ZHU X-D，HUANG Z-Q. Conceptual modeling rules extracting for data streams[J]. Knowledge-Based Systems，2008，21(8)：934-940.

[40] ZHU X，HUANG Z，Shen G. Description Logic based Consistency Checking upon Data Mining Metadata[C]. Proceedings of the third International Conference on Rough Sets and Knowledge Technology (RSKT 2008)，Chengdu，China，F，2008. Springer-Verlag.

[41] YANG Q，WU X. 10 Challenging Problems in Data Mining Research[J]. International Journal of Information Technology & Decision Making，2006，5(4)：597-604.

[42] BRIN S et al. Beyond market baskets：generalizing association rules to correlations [C]. ACM SIGMOD International Conference on Management of Data，Tucson，AZ，1997：255-264.

[43] FAYYAD U，PIATETSKY-SHAPIRO G，SMYTH P. From data mining to knowledge discovery in databases[J]. AI Magazine，1996，17(3)：37-54.

[44] FAYYAD U. Advances in knowledge discovery and data mining[M]. California：AAAI/MIT Press，1996.

[45] SIMITSIS A，VASSILIADIS P，SELLIS T. Logical optimization of ETL workflows[J]. IEEE Transaction on Knowledge and Data Enginering，2006，17(10)：150-161.

[46] AGRAWAL R，IMIELINSKI T，SWAMI A. Mining association rules between sets of items in large databases [C]. Proceedings of the Proceedings of the 1993 ACM SIGMOD International Conference on Management of Data，F，1993.

[47] AGRAWAL R，SRIKANT R. Fast algorithms for mining association rules[C]. Proceedings of the 20th international conference of Very Large Data Bases，F，1994.

后　记

　　21世纪的第一个10年,电子商务获得突飞猛进的发展,人们已在网购中感受到数据挖掘这一技术所带来的个性化推荐的魅力。不仅如此,数据挖掘在车牌识别、客户关系管理、网络安全方面等有着切实的商务应用。但是,数据挖掘对于许多读者来说,还是一个陌生的话题。如何用浅显易懂的方式,让广大读者理解数据挖掘的技术,是作者一直在探索的问题。目前,作者正参与上海理工大学与瑞典保鲁斯大学的合作办学项目,双方一致同意将数据挖掘课程列入合作办学的课程目录,数据挖掘技术知识正被越来越多国内外高等学校纳入本科专业课程。2012年,作者承接了教育部高等学校博士学科点新教师类基金项目和教育部人文社会科学青年基金项目两项课题,深感责任重大。作者希望本书的出版,能够推动数据挖掘技术在商务领域中的应用。

　　本书在撰写过程中,得到作者所在电子商务知识服务团队带头人杨坚争教授的鼓励和协助,也得到了立信会计出版社徐小霞编辑的多次指导与大力支持,谨在此对诸方面的帮助表示诚挚的谢意。

作　者

2013年2月25日